U0150063

了不起的

The Marvelous Chip

王健◎著

电子工业出版社
Publishing House of Electronics Industry
北京·BEIJING

内 容 简 介

本书是一本芯片科普书，内容系统全面、循序渐进。第一篇着重介绍芯片的前世今生及发展历史，包括 x86、ARM、RISC-V 三大主流指令集及其应用和市场现状。第二篇主要介绍芯片从设计、制造到封测出厂的全过程，并从技术和应用等层面解读人们关心的诸多问题。第三篇介绍我国的芯片发展历史，并分析现阶段国内半导体产业的现状和格局。第四篇介绍芯片工程师群体的工作日常，以及如何成为一名合格的芯片工程师，并展望未来芯片的发展方向。

本书图文并茂、通俗易懂、深入浅出，既适合作为高等院校相关专业师生、半导体从业者和投资者的参考用书，也可以作为非专业人士的芯片科普类读物。

图书在版编目（CIP）数据

了不起的芯片 / 王健著. —北京：电子工业出版社，2023.4
ISBN 978-7-121-45267-3

Ⅰ. ①了… Ⅱ. ①王… Ⅲ. ①芯片－普及读物 Ⅳ. ①TN43-49

中国国家版本馆 CIP 数据核字（2023）第 046758 号

责任编辑：张　爽
印　　刷：三河市良远印务有限公司
装　　订：三河市良远印务有限公司
出版发行：电子工业出版社
　　　　　北京市海淀区万寿路 173 信箱　　　　　邮编：100036
开　　本：720×1000　1/16　印张：20.5　　　字数：268 千字
版　　次：2023 年 4 月第 1 版
印　　次：2023 年 5 月第 2 次印刷
定　　价：100.00 元

凡所购买电子工业出版社图书有缺损问题，请向购买书店调换。若书店售缺，请与本社发行部联系，联系及邮购电话：(010) 88254888，88258888。

质量投诉请发邮件至 zlts@phei.com.cn，盗版侵权举报请发邮件至 dbqq@phei.com.cn。

本书咨询联系方式：(010) 51260888-819，faq@phei.com.cn。

谨以此书，献给我的奶奶李淑华女士。

奶奶为家庭做出了巨大贡献，毫无保留地倾注了她全部的爱与温柔；奶奶热爱生活的态度也深刻地影响着我，让我积极地拥抱这个世界，永远做一个温暖的人。

序 一

芯片已经成为一个家喻户晓的名词，每个人的工作和生活都离不开各种各样的芯片。提到芯片，有人会联想到半导体、晶体管、集成电路，有人会联想到 CPU、内存、传感器，还有人会联想到 EDA、晶圆、光刻机，等等。总之，芯片犹如孩子手中的万花筒，包罗万象却又纷繁复杂。

网络上充斥着各种关于芯片的新闻与资料，但鲜有专业且全面的科普读物。于是，人们便经常对芯片产生各种误解，在此略举几例。

误解一：芯片都由晶体管组成，所以芯片都差不多。虽然今天所有芯片的技术源头都可以追溯到 1947 年肖克利、布拉顿和巴丁发明的第一个晶体管以及 1958 年基尔比发明的第一块集成电路，但肖克利、基尔比这些半导体领域的先驱肯定未曾想象到，如今全球每年会生产上万亿颗芯片，而中国每年进口芯片量超过 5000 亿颗。这些芯片在功能、外形、规模上早已千差万别：有的芯片只有几个晶体管，有的芯片则有上万亿个晶体管；有的芯片只有一种功能，有的芯片支持运行几百万种 App；有的芯片几分钟工作一次，有的芯片每秒运算几百亿次；有的芯片一颗只需几分钱，有的芯片一颗价值上万元……差异程度甚至超过十个数量级（10^{10}）！

了不起的芯片

　　如何刻画芯片之间这种巨大的差异性？我经常用生物这个概念作类比。如今，地球上大大小小的生物超过 150 万种，它们也是千差万别的。2022 年发布的《中国生物物种名录》中共收录物种及种下单元 138293 个，其中物种 125034 个、种下单元 13259 个。在这些生物中，既有单细胞生物，也有拥有数万亿个细胞的大型哺乳动物；既有功能单一的病毒，也有拥有高级智慧的人类……这和芯片的种类是何等相似！如今的芯片已经发展出几十种大类、上千种小类、几十万种产品，比如，仅德州仪器一家公司便拥有约十万种各类芯片产品。芯片，能和大自然所孕育的生命体相类比，神奇而又了不起。

　　误解二：芯片制造很难，设计很简单。近年来，芯片产业成为世界各国展开激烈竞争的产业高地，而中国的芯片产业正面临着严峻的"卡脖子"问题。国内各界人士普遍认为芯片制造是中国落后最多的方向，尤其是在高端设备制造领域，以致于"光刻机"成了大众耳熟能详的术语。同时，很多人又认为芯片设计很简单，中国的芯片设计产业已达到国际一流水平，只是芯片制造不行；只要芯片制造实现自主并达到国际一流水平，那么中国芯片产业的"卡脖子"问题将不复存在。这个观点是一个不折不扣的认识误区，造成这种误区的根源也在于上一个误解——确实一些小规模芯片的设计相对简单，但由于芯片种类太多、差异性太大，对高端处理器芯片（如中央处理器 CPU、图形处理器 GPU 等）而言，其设计难度极其巨大。

　　高端处理器芯片的设计需要一整套技术体系的支撑：从程序特征分析技术、微架构设计空间探索技术、高精度模拟器技术、系统仿真技术到芯片验证技术；从各种 IP 核、物理层接口 PHY、串并转换模块 SerDes、集成 SoC 到 EDA 工具；从 BIOS/UEFI 固件、操作系统、编译器到运行时环境……高端处理器芯片本身只是冰山露出水面的部分，而支撑处理器芯片设计的整套技术体系则是看不到的、冰山在水面下的部分。构建一套技术体系的难度不亚于构建一条先进制造工艺生产线，至今只有美国完全掌握这套技术体系。中国在高端处理器芯片设计方面和国际最先进的水平仍有相当大的差距，这种差距并不会因为先进制造工艺的突破而奇迹般地自行消失。事实上，在过去十多年中，即使在全球先进制造工艺都对中国开放的情况下，中国自研的高端处理器芯片（如桌面 CPU、通用 GPU 等）占全球市场份额仍然长期不到1%。提高中国高端处理器芯片的设计能力，任重而道远，不可忽视。

误解三：处理器芯片的性能功耗取决于指令集。芯片领域备受关注的术语之一当属"指令集"了，这是处理器芯片区别于其他类型芯片的关键特征。半个多世纪以来，全世界诞生了几十种指令集，但它们各自命运起伏，迄今已所剩无几，于是 x86、ARM、RISC-V、LoongArch、MIPS 等依然活跃的指令集便成为国内大众的热议话题。有人把指令集视为包治百病的"万能药"，认为只要有一个先进的指令集，中国就能研制出性能与功耗卓越的世界一流的处理器芯片，中国处理器芯片产业的"卡脖子"问题就迎刃而解了。遗憾的是，这只是一个美好的幻想。现实是指令集只是一种标准规范，它会决定处理器芯片的功能、影响软件生态的开发效率，但并不能决定一款处理器芯片各项指标的先进程度。

多年前，许多人认为 Intel/AMD 处理器芯片的性能高是因为采用 x86 指令集，而 ARM 处理器芯片的功耗低是因为采用 ARM 指令集。2013 年，来自威斯康辛大学麦迪逊分校的研究团队公布了他们的研究成果——对 7 款处理器（Intel、AMD、ARM、LoongArch 等）使用 26 组测试程序开展量化实验分析，最终证实三条结论：（1）芯片的性能与指令集无关；（2）芯片的功耗与指令集无关；（3）芯片的性能功耗只与微架构设计实现相关。由此可见，决

了不起的芯片

定一款处理器芯片先进程度的关键是微架构设计，而非指令集。一个团队如果具备处理器芯片的微架构设计与实现能力，那么甚至可以很轻松地更换指令集。我身边正好就有这样的实践案例：在2022年的全国大学生计算机系统能力大赛上，两位来自中国科学院大学的本科生展示了他们设计的一款充满创意的CPU作品——基于同一套微架构设计代码，只需设置不同的编译选项，就能指定生成一款RISC-V处理器或者一款LoongArch处理器。因此，从芯片设计角度来看，指令集似乎不那么重要；当然，从软件开发角度来看，指令集又很重要，它会影响软件生态的发展。

以上只是从众多误解中列举了三个具体的例子，却反映了大众对芯片知识的了解仍有很多不足。虽然大众十分渴望了解芯片知识，但很容易在碎片化的资料中形成错误的认识。王健老师的《了不起的芯片》一书就如一场及时雨。这是一本高级科普读物，在本书中，读者将了解到芯片究竟是怎么诞生和发展起来的，如何从沙子神奇地变出芯片，中国芯片产业的发展如何，做芯片需要掌握哪些技能……这些科普知识会让读者更好地认识芯片、理解芯片，相信每位读者都能从本书中找到自己感兴趣的内容。

包云岗

中科院计算所副所长、研究员

❋ 序 二 ❋

对"集成电路"的研究，顾名思义，首先要研究"电路"，其次要研究"集成"。通过电路来建模和解决现实世界中的离散问题和连续问题，因此就有了数字电路和模拟电路。与此同时，若想将超大规模的电路集成于单硅片中，就必须把芯片越做越小，把电路越做越"微"，这也是集成电路的尺寸当量是微米、纳米级的原因。而"摩尔定律"就是这样被总结出来的，用于描述集成电路尺寸逐渐微缩化的发展历程，指导和预判微缩化的未来。

此外，如果一味地通过在二维平面平铺的方式来提高集成度，那么电子系统会遇到功耗和面积的天花板，就如同通过建很多一层的平房来增加房间数量，一定会浪费很多土地。显而易见，有效利用上地面积的绝佳途径是盖楼房，因此，近年来三维集成电路蓬勃发展。

不管是电路设计，还是电路集成，工程师都需要得心应手的工具才能完成数十亿晶体管规模、微小至纳米尺度的工程，因此 EDA 工具应运而生。

综上，集成电路是一门集材料、器件、工艺、制造、电路设计、算法工具于一体的综合性学科，每个环节都纷繁复杂，无一不是人类智慧的结晶。而上述所有环节背后蕴藏的问题，都能在本书中找到准确而丰富、翔实而有

了不起的芯片

趣的答案，书中还有与现实生活息息相关的案例。

除了上述干货知识，本书还具有多层次的人文内涵。

第一，他山之石，可以攻玉；以史为鉴，可知兴替。本书不仅在第一篇中回顾了集成电路行业波澜壮阔的历史，还在第三篇中回忆了"中国芯"走过的筚路蓝缕，知往者之不谏，知来者之可追。

第二，纳须弥于芥子，藏日月于壶中。本书第4章通过"工业皇冠——光刻机"和"芯片中的5纳米、3纳米到底指什么"等几个广受关注的话题，充分且清晰地展现了集成电路如何将"须弥"（超大规模电路）纳于"芥子"（纳米尺度的硅片）之中，正所谓"一粒沙里有一个天堂"。

第三，见微知著，明"芯"现志。行业的蓬勃发展离不开兴旺的人才，当下，集成电路人才显得尤为重要。难能可贵的是，本书第8章从多个维度介绍了如何成为芯片设计工程师，以及如何规划自己的职业生涯，从而实现职业价值。以此期望更多学子加入集成电路行业，为"中国芯"崛起做出自己的贡献。

最后，感谢作者的邀请，非常荣幸为本书作序。希望本书能够在读者心中种下集成电路的种子，并在未来生根发芽。

邸志雄

西南交通大学信息学院电子系副系主任、副教授

◈ 推荐语 ◈

芯片是一个复杂的行业，涉及材料、化学、设备、晶圆生产制造、工艺开发、芯片设计、EDA 软件、封装测试等多个领域或流程，人们想要全面了解整个行业是非常困难的。因此，很多想要接触芯片行业的人刚开始往往有一种雾里看花的感觉，而很多从事相关行业的人也只是了解其中的一两个环节。比如，同样是芯片设计领域，做模拟电路设计的人往往不了解数字电路设计的工具、流程和方法，也大多不了解晶圆制造领域。市面上介绍半导体和芯片行业的书不是从学术视角介绍，就是从产业视角介绍，很少以工程师视角介绍这个行业。

本书深入浅出，从工程师的视角出发，全面、清晰地介绍了半导体的前世今生，包括芯片制造及芯片设计的各个环节、EDA、封装测试、国内半导体行业现状等。作为一名资深的芯片设计工程师，作者花了大量篇幅详细介绍了芯片设计工程师的成长路线，总结了自己职业生涯的很多心得体会，非常实用。对想要了解芯片行业的人来说，本书会让你对芯片行业有更直观的体会；对有志于从事芯片行业的人来说，本书会带给你更多有意义的启发。

苏州纳芯微电子有限公司联合创始人兼 CTO　盛云

了不起的芯片

本书囊括了芯片设计包含的主要步骤及生态链上所需的工具，对国内外产业布局及竞争格局方面也做了精彩介绍，同时作者分享并总结了大量的实际工作经验。本书适用于所有对芯片领域感兴趣的人士，特别是想从事芯片设计工作的朋友。

相信阅读本书后，你会对芯片设计及我国芯片行业的发展现状有一个相对客观且真实的了解。

EETOP 创始人　毕杰

这是一本荟萃芯片方方面面的书，阅读门槛恰到好处，适合所有想了解芯片行业的读者。本书包含芯片的行业历史、开发流程、技术发展、职业分工等多个读者感兴趣的话题，不仅能让更多的人有机会揭开芯片的科技面纱，也有望吸引更多的朋友从事芯片领域的工作。

路科验证创始人　路桑

芯片领域涉及的知识面很广，从设计、制造到设备开发……即使是业内人士，要深入了解每个领域也相当困难。从读本科到读博士，我上了数十门课程，读了上百本教科书，并没有看到像本书一样深入浅出、言简意赅地介绍芯片的基本概念、行业现状和历史发展的书。

本书既可以为行业外的人士了解芯片行业提供一个窗口，也可以作为有志于投身芯片研发工作的年轻学生的入门读物，还可以作为业内工程师案头的一本有趣的参考书。

本书也带给我很多很好的启发，希望能看到更多芯片科普类图书面世，向社会传递更多芯片人的声音。

上海奎芯集成电路设计有限公司市场及战略副总裁　唐睿

芯片是人类社会先进科技与卓越全球化协作的结晶，小到影响我们每个人的日常生活，大到影响一个国家的科技发展。本书从多个维度探讨了芯片的方方面面，包括芯片的发展历史、设计、生产、测试、应用及相关从业经验等，是一本芯片领域的百科全书。

本书兼顾了专业性与科普性，多年的从业经历使作者既能深入浅出地阐述专业知识，又能跳出细节，从宏观角度分析产业结构与技术趋势。相信无论是有兴趣了解芯片的朋友，还是有志于加入芯片行业的青年，抑或是芯片领域的资深从业者，阅读本书后都能受益匪浅。

某公司芯片设计总监　姚华

如果你具有基本的理工科知识背景，同时非常想了解芯片的前世今生，那么我向你推荐《了不起的芯片》这本书。

如果你是一位有志于从事半导体工作的新人，那么我还是会向你推荐《了不起的芯片》这本书。

本书的作者王健是业内一线的研发人员，同时是一位科普文章创作者。他以专业的态度，从半导体的发展史、芯片的设计生产流程以及芯片未来的发展趋势等多个角度，为读者逐一揭开芯片的神秘面纱。

更难能可贵的是，本书内容编排合理、深入浅出，既适合初学者，又适合专业领域的读者。作为一名从事芯片设计工作20余年的专业人士，我依然可以从本书中获得很多宝贵的知识和信息。

《了不起的芯片》是一本值得反复阅读的优秀图书。

广州鸿博微电子技术有限公司 CTO　宋振宇

了不起的芯片

近年来，芯片越来越多地受到人们的关注与热议，然而绝大多数人对芯片所知甚少。《了不起的芯片》作为一部科普图书，语言通俗易懂，同时专业性非常强，一边对技术问题娓娓道来，一边又对芯片行业各个领域的竞争格局，甚至地方产业政策都予以言简意赅的总结。对于产业链各个环节的从业者、在校师生、投资人、政府工作人员等，这都是一本总览全局的好书。

湖南越摩先进半导体有限公司 CEO　谢建友

第一次看到这本书时，我惊叹于作者以多年的知识沉淀为背景，从半导体行业传奇之路的开端讲起，再深入芯片的设计和制造细节，进而延伸至芯片工程师所需的必备技能，芯片对文明社会的影响，对芯片行业前景的展望；更惊叹于作者将如此丰富的内容自然而然地衔接在一起，娓娓道来，将这个历经半个多世纪风雨，依然朝气蓬勃、欣欣向荣的芯片行业写得生动有趣，字里行间充满热爱之情。推荐想要了解芯片或者重新认识和思考芯片行业的朋友们阅读，这是一本既能让你收获知识，又能引发你思考的了不起的芯片书！

AMD Fellow　费君

这是一本兼具专业性和趣味性的芯片科普读物，既有芯片的发展历史回顾，又有最新的产业现状解读，适合所有对芯片领域感兴趣的朋友阅读。本书作者是一位芯片行业从业者，同时是"知乎"平台的优秀答主，他以问答探秘的互动方式，吸引读者带着好奇心阅读，并带领读者一步步走进芯片的奇妙世界。

摩尔精英创始人兼 CEO　张竞扬

有幸收到本书作者的邀请，为本书做推荐。收到书稿后，我一口气读完了本书，书中穿插了很多吸引人的历史小故事，可读性和趣味性很强。作为一本芯片类的科普读物，本书对芯片领域的介绍全面且深入浅出，没有专业背景的人读起来也不会费力。非芯片相关专业的人士可以通过阅读本书，对芯片的方方面面有更深入的了解；业内人士则可以通过阅读本书，了解芯片相关领域的历史和发展。

模拟集成电路设计领域的老兵　董志伟

《了不起的芯片》是一本介绍芯片设计和开发的好书，深入浅出地介绍了芯片设计的基本原理、芯片设计的乐趣所在，用丰富的实例让读者更好地理解芯片设计的过程。本书还着重探讨了芯片设计工程师的技能要求，包括掌握编程思想、精通电路、了解计算机体系结构，深入理解芯片设计的精髓，把握芯片设计的技术要点等。本书内容通俗易懂，既是芯片设计工程师的必备读物，也是芯片设计爱好者的绝佳选择。

地平线副总裁、软件平台产品线总裁　余轶南

本书通过生动的案例和通俗易懂的语言，介绍了芯片技术的基本原理和应用场景，既有科普性，又有专业性。同时，本书涉及芯片设计、制造等复杂技术，深入挖掘芯片技术的精髓。无论是初学者，还是专业人士，阅读后都能获得丰富的知识和启示。推荐给所有对芯片技术感兴趣的读者。

中科院计算所副研究员、自媒体账号"老石谈芯"主理人　石侃

写作背景

多年前的一个夏天，在苏州石湖蠡岛上的一间茶馆里，我和几位同事一边品茶，一边憧憬着自己将来理想的职业生涯。当被问到自己时，我毫不犹豫地表示想成为一名作家。

想成为作家的念头和我小时候读了很多名著有关，我痴迷于《西游记》中惊险刺激的故事，也沉迷于儒勒·凡尔纳在《海底两万里》中描绘的奇幻瑰丽的海底世界；既会因为诸葛亮病逝五丈原而难过，也会在看到唐·吉诃德种种荒唐的行为时笑得前仰后合。那时没有手机，是书籍陪我度过了漫长的童年时光。有时，我不满足于书中的情节，或者不喜欢书中的结局，就会在日记本上改写或者续写小说的情节，让它变得更加波澜壮阔、曲折离奇。

2016 年，我在校参与编写了《西电人的故事 2》，当时奶奶打趣称我为小作家，我心里虽然开心，但深知要成为一名作家，我做的还远远不够。2020年，我在知乎上看见一个问题"芯片为什么每年都能进步？"，便随手写了一篇回答，竟然得到了不少赞同。从那时起，我便开启了芯片科普创作之路，写作的习惯也一直保持至今。近年来，芯片逐渐成为科技行业的热点话题，我希望有一本书可以让大家更全面、系统地了解芯片。因此，出书的想法犹如一粒种子在我心中生根发芽，而与张爽编辑的结识则让种子结出了果实。

写作的过程也是学习的过程，尽管现在新媒体极其发达，短视频、直播、网课等资源十分丰富，但想高效、系统地学习一门知识，阅读依然是无可替代的。我家里的书架、书桌、沙发、厨房、卫生间等随处都放着书，以便我随时都能阅读。书籍是人类进步的阶梯，希望每个人都能在阅读中体会到人生乐趣。

畅想未来的时光，有一件可以肯定的事——我会坚持写作。如果有一天，你看到我出版了小说、散文或诗歌，请不必惊讶，那是我在奔向心中神圣的文学殿堂！

本书内容

本书是一本芯片科普图书，共分 10 章，各章内容如下。

第 0 章为绪论，开篇点题，主要讲述"了不起的芯片"是如何改变我们的生活的。科技的发展要造福人类，推动社会进步，才能焕发出璀璨夺目的光彩。

第 1 章介绍芯片相关的基本概念、发展历史及半导体产业。

第 2 章介绍三大指令集——x86、ARM 和 RISC-V，以及它们的特点和应用领域。

第 3 章是重点章节，详细讲述芯片的设计流程、EDA、人工智能芯片等，探秘芯片的工作原理及其中的艺术。

第 4 章讲解芯片的制造流程，包括光刻机、制造工艺等。

第 5 章主要介绍芯片的封装和测试，以及国内的封测现状。

第 6 章介绍国内的半导体学科及产业的发展历史，以及半导体行业中了不起的人物。

第 7 章从我国不同地区和各大公司的角度分别介绍国内的半导体产业布局。

第 8 章也是重点章节，主要展示芯片工程师群体的工作日常，以及成为一名芯片工程师所需掌握的知识体系。同时，本章还介绍了职业发展方向，为即将进入芯片行业及初入职场的读者提供参考。

第 9 章主要介绍芯片的前沿发展方向，并展望芯片的未来。

本书特色

（1）兼具广度与深度

从半导体物理基础到芯片的架构，从摩尔定律到超越摩尔，从芯片设计到制造再到封测，从国外到国内的行业发展，从过去到未来……本书尽可能多地覆盖芯片相关的知识，并对一些重要的知识点，如芯片设计、可测性设计等进行了深入的探讨。

（2）兼具严肃性与可读性

对一本科普图书来讲，严谨是它的底色。本书内容力求严谨，但考虑读者的背景不尽相同，因此作者在写作过程中非常注重趣味性。比如，"摩尔定律：真的是定律吗""芯片中上百亿晶体管是怎么设计的""CPU 是如何识别代码的"等内容很容易引起读者的兴趣，只需几分钟，便可学习到一个有趣的知识点。

（3）层层递进，知识体系完整

有的读者可能对芯片一无所知，那么本书是一本极佳的入门书。从什么是半导体讲起，再到晶体管、集成电路，各个概念被串联起来，让读者对整个行业有清晰的认知。

（4）图示丰富，紧跟时事

书中配有大量插图，更加生动、形象地展示了行业历史，帮助读者理解较为晦涩的知识。此外，本书结合大量当下的行业热点事件及政策，力求呈现时代前沿的内容。

建议和反馈

半导体产业链从上游到下游的环节众多，极其复杂，想要精通整个产业链的知识几乎是一件不可能的事。我深知科普创作需要严谨、认真、负责，尽管我根据自己的工作经验及掌握的知识，竭力使本书接近完美，但限于个人的知识水平，书中难免存在不足之处，敬请广大读者批评指正。如果你对本书有任何评论和建议，或者遇到问题需要帮助，可以致信我的邮箱814408266@qq.com 或访问我的知乎主页"温戈"，期待和你一起探讨交流。

致谢

本书得以顺利出版，首先要感谢电子工业出版社的编辑张爽女士，她从出版的角度为本书提出了非常宝贵的意见和建议，与她合作的过程让我受益匪浅。其次要感谢支持我创作芯片科普文章的网友们，你们的赞同与鼓励让我找到了写作的意义。感谢我的同事和朋友费君、王芹、黄宁、姚华参与了本书的审稿工作，你们的宝贵建议让本书的内容更加客观严谨。最后感谢我的家人，尤其是我的爱人张乐乐，感谢她的陪伴、支持、鼓励与督促，并料理家庭中的琐事，让我得以安心创作，完成此书。

王　健

2023 年春于上海

✵目　录✵

第一篇　芯片的前世今生

第三篇 中国的"芯"路历程

第四篇　携手共创"芯"未来

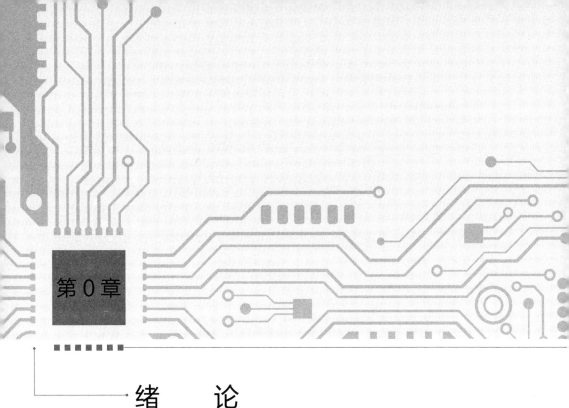

第 0 章

绪　　论

芯片犹如一部辉煌的史诗巨著，其中书写着如何指引人类走向现代文明。

0.1　芯片是人造物的巅峰

如果把超大规模的芯片打开，你会发现其内部结构的复杂程度堪比一座大型城市，如图 0-1 所示。

以苹果 M1 Ultra 芯片为例，其内部集成了 1140 亿个晶体管，包括 20 个 CPU 核心、64 个 GPU 核心和 32 个 NPU 核心（尽管现在很多处理器芯片，比如高通骁龙、苹果 M 系列等都属于 SoC 芯片，但人们仍然习惯将它们称为 CPU）。作为对比，超一线城市上海市的人口数"仅为"2500 万左右，与 M1 Ultra 芯片的晶体管数目相比还是太少了。如果把 CPU 比作城市，那么其中的

了不起的芯片

控制及协调模块相当于政府及各级行政部门，电源模块相当于供电部门，内部走线相当于街道，而其中的每个小模块可以看作小区、商圈、工业区、大学城等。与城市不同的是，这些复杂的功能模块都要集成在如同我们指甲一般大小的芯片中，并且实现大规模量产、算力普惠等。如果没有众多前沿学科技术的支撑，这一切是很难完成的。

图 0-1　芯片内部微观结构示意图

我们可以进一步从 CPU 诞生的几个细微之处来体会一下，为什么说 CPU 是人造物的巅峰。

第一个细节是在制作晶圆时，要进行硅提纯。首先将沙石原料放入一个电弧炉中，在高温下发生还原反应得到冶金级硅，然后将粉碎的冶金级硅与气态的氯化氢反应，生成液态的硅烷，最后通过蒸馏和化学还原工艺，得到高纯度的单晶硅，其纯度要达到 99.999999999%（共有 11 个 9），才符合晶圆的制作标准。作为对比，市面上宣传的 999 和 9999 足金首饰分别表示含金量不低于 99.9% 和 99.99%，然而与晶圆级别的硅相比，这些首饰中的杂质还是太多了。

第二个细节是在薄薄的高端芯片中，居然有上百层电路。在晶圆上经过一次薄膜沉积、涂胶、曝光、显影、除胶等步骤后，便可形成一层电路。如果把一层电路比作一层楼，那么芯片内部到处都是摩天大楼，颇为壮观！只不过芯片内部"大楼"的层高只有几纳米，如图 0-2 所示。

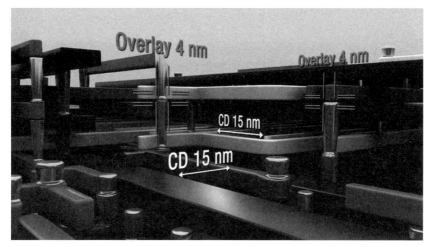

图 0-2　芯片内部电路尺寸

第三个细节体现在 CPU 是微观的艺术，是跳跃在原子尺度上的浪漫。CPU 的精密程度以及它数十年如一日的准确运算，即便是人类最天才级别的大脑，在它面前也只能"俯首称臣"。CPU 的复杂性、巧妙性、逻辑性都处在人类理解能力的巅峰！

如果未来有一天，人类要通过一件物品向全宇宙展示自己的科技实力，我既不会选择航空发动机，也不会选择航母，而是选择一颗芯片。因为高速和庞大在浩瀚的宇宙中并不起眼，而在方寸之间的芯片内部，随处都在诉说这颗蔚蓝星球上的智慧和文明。

0.2　芯片是信息科技的基石

图 0-3 是从 2021 到 2022 年的科技热词云图,这体现了当下及未来十年的科技发展趋势,其中的任何一项技术在脱离芯片的情况下都很难独立发展。

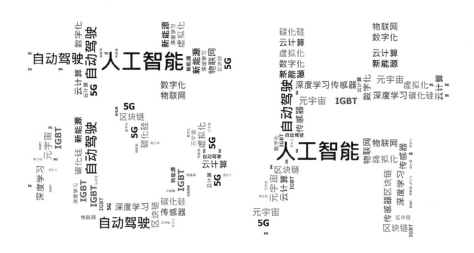

图 0-3　科技热词

以近年来关注度较高的元宇宙为例,元宇宙是整合 5G 通信、云计算、数字孪生、区块链、人工智能、AR/VR 等多种前沿技术而产生的新型虚实相融的互联网应用和社会形态。它将虚拟世界与现实世界在经济系统、社交系统、身份系统上密切融合,并且赋予每个用户进行内容生产和编辑的权限。尽管元宇宙技术尚未成熟,但它的一个重要入口——AR 和 VR 已经大规模出现在人们的视野中。AR/VR 可穿戴设备的核心硬件支撑是 SoC 芯片,涉及图像处理、任务处理、通信控制、功耗控制等技术。一个强大的 SoC 芯片,是提升

VR/AR 可穿戴设备体验的保障。

从元宇宙的架构搭建来看，其中涉及的数据相比于移动互联网是呈指数级上升的。元宇宙的底层由基础设施和终端硬件设备组成，包括但不限于区块链、5G、6G、游戏渲染、画面渲染、云计算、AI、操作系统、工业互联网等；从用户端来看，包括路由器、VR、头显、显示器、脑机接口等。5G、6G 及路由器对通信芯片提出了更高的要求；复杂的硬件组合和庞大的系统需要更强大的 CPU；游戏渲染、画面渲染需要 GPU 提供强大的算力，尤其是元宇宙未来的图像全部是以 3D 形态来呈现的，这对算力的要求也是呈指数级上升的，必须靠强大的芯片提供支撑。

人类对能源的使用也是文明程度的一种体现。随着科技的发展，能源产业也开始着手准备做数字化转型，并且必须向数字化转型。科学家曾预测，传统能源如煤炭、石油、天然气将在 2050 年左右消耗殆尽，发展新能源及能源数字化转型将成为人类文明发展进程的重中之重。《2022 年能源转型投资趋势》报告中提到，2021 年全球对能源转型的投资总额达到了创纪录的 7550 亿美元。[1]能源数字化的好处之一是可以根据不同区域、不同时间段的能源消耗量，结合大数据使用专用芯片进行深度学习，建立能源消耗模型，从而做到提前预知，实现对能源的精准调控。在数字化转型后，有了物联网、大数据、云计算等技术的协助，能源转化效率和使用效率会得到大幅提升，持续向"双碳"战略目标迈进！

类似的例子比比皆是，比如一台电动汽车中包含上千个芯片、云计算需要用到服务器芯片、5G 通信需要用到通信芯片……未来的竞争是科技创新的竞争，而芯片是科技创新的基石，是引领新一轮科技革命和产业变革的关键，更是走向未来世界的入场券。如果科技的发展过程中没有了芯片，就好比在

《三体》中被智子锁死了一般，人类的发展将会停滞，世界将在历史的长河中止步不前！

0.3 芯片改变生活

18 世纪中期，珍妮纺织机和蒸汽机的发明打开了第一次工业革命的大门，生产力得到了大幅提高；19 世纪 60 年代后期，迎来了第二次工业革命，人类进入"电气时代"，白炽灯为黑夜带来了光明；在 20 世纪中期的第三次科技革命中，计算机、空间技术、生物技术等走上历史舞台，生产力得到了空前的释放；第四次科技革命中的新技术，如量子计算机、元宇宙、自动驾驶等则让科幻照进现实。而在第三次科技革命和正在发生的第四次科技革命的背后，都少不了一个隐形的英雄，那就是芯片，可以说芯片正在时刻改变着我们的生活。

每天早上 8:30，我从上海张江的中科路地铁站走出来，最先映入眼帘的是自动驾驶餐车。它们依靠早高峰人口流动大数据，利用 AI 算法自动寻找目标用户的集中区域，地铁口、交通主路口、公司林立的园区等都有它们的身影。上班族直接扫码购买早餐，方便快捷。对公司来说，不需要店面和外卖员，在缩短环节的同时降低了成本，也能带给用户更好的体验。早饭时间过后，这些餐车便穿行在张江的 AI 未来街区，躲避行人、探测障碍物、等待红绿灯，稳健如一位遵守交通规则的好公民，最终回到它们的大本营。午饭时间一到，它们便载着午饭，继续出发……无人餐车如此智能的背后是科技的支撑。在自动驾驶系统中，有多种芯片发挥着作用。比如：视觉传感器芯片和雷达芯片用于采集道路的数据，包括车辆检测、车道线检测、行人检测、交通标识检测等；微控制器芯片是车的大脑，负责整车系统的协调工作，如控制变速器、供电系统、影音系统等；自动驾驶芯片融合了多个擅长特定领域计算的模块，如图形处理器、数字信号处理器、人工智能等模块，可以执行物体识别及感知算法，实现"算力升级"。大算力对自动驾驶来说尤为重要，因为交通路况非常复杂多变，高效快速地处理和传输数据是实现自动驾驶的基础。因此，芯片的算力决定了自动驾驶能达到的智能程度。

下午茶时间，很多人会选择去喝一杯咖啡。当你走进咖啡店选择咖啡时，其实咖啡也在选择你。有的人喜欢醇厚浓郁的咖啡，有的人则偏爱香气柔和、更具层次感的咖啡。根据个人的消费选择大数据，你喜欢的咖啡豆被种下，一场双向奔赴的科技之旅由此开启。传感器芯片可以实时监测咖啡豆的生长信息，包括土壤养分含量、温度、湿度、光照强度、空气中的二氧化碳浓度等，并将这些数据上传至云端的农业物联网云平台，然后根据智能模型自动调节生长参数，确保咖啡豆的生长保持在最佳状态。完美的咖啡豆还需要精准的烘焙过程，以达到最佳的风味，而基于芯片的数控设备可以帮助烘焙师实现这一切。最后，在经过精细的研磨、萃取，咖啡豆中的油脂精华被精准释放，一杯香浓的咖啡由此诞生。可以说，如果没有芯片，我们也许很难喝到理想口味的咖啡。

2022 年，由于疫情原因，我经历了长达 3 个多月的线上办公之旅。在通信、VPN 链接、云共享等技术的支持下，远程协作办公并未使工作成果大打折扣，项目如期交付、会议沟通顺利进行，是通信芯片的赋能让我们突破了物理距离。未来，在 5G、虚拟化、元宇宙等技术的加持下，相信远程办公的基础设施会更完善，技术更成熟，拥有更加沉浸式的体验。新技术或许会对传统的工作模式发起一场变革，比如创建一个虚拟会议室，通过 3D 投影即可实现与同事面对面讨论问题，当然还会有更多充满想象力的场景值得我们期待。

现代的电子设备中已经离不开芯片，如手机、电脑、智能手表等，甚至共享单车、跑步鞋中也有芯片的身影。或许你并不能直观地看见芯片，但它就像一位"隐形的超人"，于每一个细微之处带给人类更好的生活，托起五彩缤纷的世界。

0.4　本章小结

芯片的了不起之处在于，一颗小小的芯片内部凝结了人类的无穷智慧，从一堆沙子到拥有千亿个晶体管的电路，这个熵减的过程仿佛穿云裂石般的呐喊，成为这个星球上永不消逝的智慧之源。

人类历史上有无数伟大的发明，指南针让航海家征服了海洋，印刷术让知识和文化得以更好地被记录、传播和发展，电灯为黑夜带来了光明……芯片则是现代科技给予人类的最为绚烂和浪漫的告白。

第一篇

芯片的前世今生

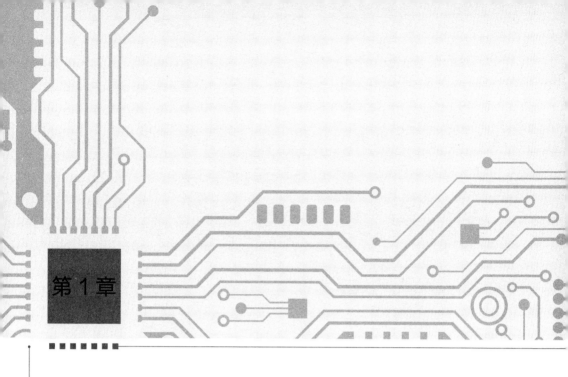

第 1 章

半导体发展简史

天不生芯片，科技界万古如长夜。

1.1 半导体百科

在介绍芯片之前，我们首先要了解制造芯片所需的材料——半导体。熟悉半导体的特性有助于我们从微观层面理解芯片的机理；了解半导体的发展历史会让我们感叹今天的科技成果有多么来之不易；辨别常见的半导体领域名词可以让我们对这个行业有更加清晰的认识。

1.1.1 什么是半导体

顾名思义，半导体是导电导热性介于导体和绝缘体中间的材料。在化学元素周期表中，元素主要分为金属元素和非金属元素两大类，如图 1-1 所示。

了不起的芯片

金属元素是电和热的良导体，非金属元素是电和热的不良导体，因此，非金属也被称为绝缘体。位于金属和非金属之间的元素，包括硼、硅、锗、砷、锑、钋等，它们的导电性介于导体和绝缘体之间，我们称之为半导体。

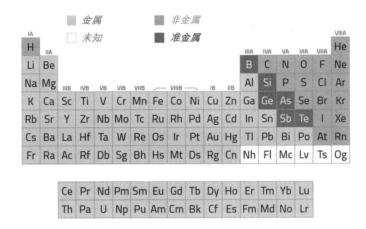

图 1-1　元素周期表

根据组成元素的不同，目前主流的半导体材料可以分为两类：一类是由单一元素构成的，如硅（Si）、锗（Ge）等，我们称之为元素半导体；另一类是由两种及以上元素构成的，如砷化镓（GaAs）、碳化硅（SiC）、氮化镓（GaN）等，被称为化合物半导体。

半导体也可以根据掺杂剂的种类进行分类。完全不含任何杂质且无晶格缺陷的纯净半导体称为本征半导体（Intrinsic Semiconductor）；而根据掺杂元素的不同，可以将半导体分为 N 型或 P 型半导体。

硅元素和锗元素位于第四主族，最外层有 4 个电子，结构稳定，是理想的半导体材料。我们把最外层具有 5 个电子的第五主族元素，如磷（P）、砷

（As）或锑（Sb）作为杂质掺杂到硅中，即可制成 N 型半导体。第五主族元素中的 5 个电子中的 4 个与硅元素最外层的 4 个电子相结合后，剩余的 1 个电子即可自由移动，成为自由电子，这个电子就是 N 型半导体的载流子，如图 1-2 所示。

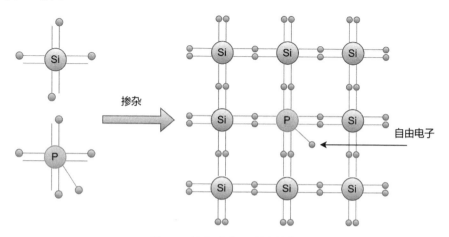

图 1-2　掺杂形成 N 型半导体

同理，把最外层具有 3 个电子的第三主族元素，如硼（B）、镓（Ga）或铟（In）作为杂质掺杂到硅中，即可制成 P 型半导体。第三主族元素的 3 个电子和硅元素最外层的 3 个电子结合，其中一个价电子将不足以使硅和硼键合，从而产生了缺少电子的空穴，这个空穴就是 P 型半导体的载流子，如图 1-3 所示。

"N" 表示负电，取自英文 Negative 的首字母。"P" 表示正电，取自英文 Positive 的首字母。当有了 N 型半导体和 P 型半导体之后，我们便可以制作一个 PN 结，如图 1-4 所示。

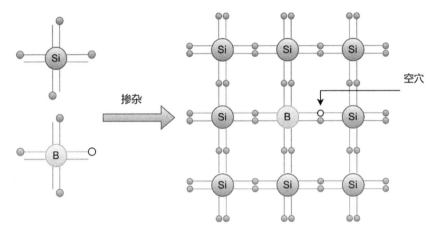

图 1-3　掺杂形成 P 型半导体

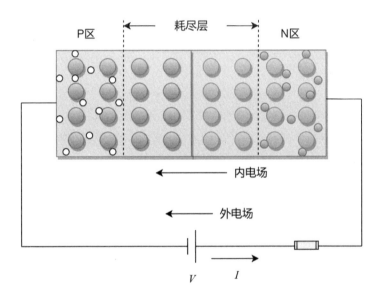

图 1-4　PN 结示意图，PN 结具有单向导通的特性

　　将 P 型半导体与 N 型半导体制作在同一块硅片上，在它们的接触面上，因为 P 型半导体区内的空穴数量多于电子数量，所以电子与空穴之间会产生

浓度差，作为 P 区载流子的空穴向 N 区扩散，此时 P 区因为失去空穴而带负电；同理，N 区的电子向 P 区扩散，失去电子的 N 区则带正电，扩散最终达到动态平衡，就形成了 PN 结。在这个区域几乎没有载流子，所以它被称为"耗尽层"。与此同时，PN 结形成了一个从 N 区指向 P 区的电场，我们称之为内电场。

如果给 PN 结外加一个反向电压，如图 1-4 所示，N 区接正极，P 区接负极，那么此时也会形成一个电场，我们称之为外电场。当外电场与内电场方向一致时，相当于增强了内电场，导致多数载流子扩散运动进一步减弱，没有正向电流通过 PN 结，呈现出反向截止的特性。反之，如果 P 区接正极，N 区接负极，即外电场与内电场方向相反时，则削弱了内电场，多数载流子扩散运动增强，形成较大的扩散电流，呈现出正向导通的特性。

半导体的发现及应用经历了漫长且曲折的过程。按照历史学家的说法，第一个使用"半导体"一词的科学家是亚历山德罗·沃尔塔（Alessandro Volta），半导体一词记载于他在 1782 年向伦敦皇家学会（London Royal Society）提交的报告中。1833 年，英国著名的物理学家、化学家迈克尔·法拉第（Michael Faraday）发现硫化银的电阻会随着温度的升高而降低，不同于一般金属的电阻随着温度的升高而升高。这是半导体的第一个特性——热敏效应。这个小小的反常现象当时并未引起法拉第太多的注意，但这却是人类首次揭开半导体的神秘面纱。而就在两年前，法拉第首次发现了电磁感应现象。

1839 年，年仅 19 岁的法国物理学家亚历山大·埃德蒙·贝克勒尔（Alexandre-Edmond Becquerel），如图 1-5 所示，在他父亲的实验室里发现了光可以被转换成电压。即在光照下，半导体和电解质接触形成的结上会产生一个电压。这是半导体的第二个特性——光生伏特效应。有意思的是，贝克勒

了不起的芯片

尔家族是物理世家，一家四代有五位物理学家，除贝克勒尔外，还有他的父亲、哥哥、儿子和孙子，他们在 19 世纪和 20 世纪因对电和放射性现象的研究而闻名。

图 1-5　贝克勒尔（1820—1891 年）

　　1873 年，英国科学家 Willoughby Smith 发现了硒晶体的电导率在光照下会发生变化，这就是半导体的第三个特性——光电导效应。

　　1874 年，年仅 24 岁的 Karl Ferdinand Braun 在德国莱比锡的一家中学教授数学和自然科学，在这期间，他发现某些硫化物的电导与所加电场的方向有关，即它的导电具有方向性，在它两端加一个正向电压，它是导电的；如果把电压极性反过来，它就不导电。同年，远在英吉利海峡另一侧的英国曼彻斯特大学，物理学家 Arthur Schuster 发现了铜与氧化铜的整流效应，这也是半导体的第四个特性——整流效应。

至此，半导体的四大效应都已被发现，但第一个晶体管诞生于 1947 年，距离首次发现半导体现象已经过去了一百多年。在这段漫长的时间里，半导体没有大放异彩的主要原因有两个。一是当时的材料提纯技术不够成熟，微量的杂质即可让半导体的性质发生很大的变化，所以很多现象难以解释，直到对材料的提纯技术达到了一定的水平之后，半导体才走进科学家的视野之中。二是因为在半导体发现的早期，由于仪器的限制，对物质的特性如导电性、导热性的测量不够精准，导致半导体在应用层面遇到了种种困难。在晶体管发明之前，半导体已经在检波器、光伏电池等领域获得了初步应用；在晶体管发明以后，半导体材料的应用被推向了一个新的高度！

1.1.2　半导体和集成电路、芯片之间的区别

半导体、集成电路和芯片这几个名词经常出现在我们的日常生活中，它们之间有什么联系，又有什么区别呢？

1.1.1 节介绍了什么是半导体，半导体本身的定义是从化学或者材料的角度出发的。不同职业领域的人群对半导体有不同的理解。比如：从事化学或者材料科学的人会认为半导体指的是物质或者材料；从事投资的人会认为半导体指的是整个半导体产业链；从事芯片设计、制造工程的人会认为半导体指的是芯片；刚毕业的时候有朋友问我做什么工作，我说半导体，结果朋友说："原来你是做收音机的啊！"后来别人再问我做什么工作，我会直接说做芯片，以避免误解。

集成电路是 20 世纪 50 年代后期到 20 世纪 60 年代发展起来的一种新型半导体器件，它是把一定数量的常用电子元件，如晶体管、电阻、电容、电感等，以及这些元件之间的连线，通过半导体工艺集成在一起，形成具有特

定功能的电路。半导体主要有四个组成部分：集成电路、光电器件、分立器件、传感器。由于集成电路又占了器件 80%以上的份额，因此在概念上，集成电路通常等价于半导体。

按照产品种类的不同，集成电路主要分为四大类：微处理器、存储器、逻辑器件、模拟器件，我们将它们统称为芯片。

所以，在比较这几个名词之间的区别时，要指明特定的时期、特定的行业或者特定的语境。从本质上讲，半导体更侧重于材料层面，属于科学名词；集成电路更侧重于技术层面，属于科技名词；而芯片则更具象一些，是集成电路的载体，也是我们日常生活中能看到的产品，如处理器（见图 1-6）或者显示处理芯片，以及某种专用功能的芯片。

图 1-6　AMD 应用于服务器端的霄龙处理器

1.1.3　为什么半导体适合做芯片

我们都知道制造芯片的材料是半导体，但你是否思考过：为什么制造芯片一定要用半导体呢？其他材料不行吗？

1.1.1 节介绍了半导体的四个基本特性，即热敏效应、光生伏特效应、光电导效应、整流效应。正是这些独特的效应让半导体材料成了科技界的宠儿。

整流效应让半导体器件实现逻辑计算成为可能。根据这一特性，我们可

以把半导体器件的导通状态记为"1"，截止状态记为"0"，即用半导体制作
电子开关。有了这样的硬件基础，我们就可以用电子开关实现各种二进制运
算了。现代计算机内部多采用二进制系统，从器件的发展角度来看，也是因
为受到半导体的整流效应特性的影响。与此同时，计算机采用二进制还因为
其具有诸多优点，如运算规则简单、电路实现容易、可靠性高等。除了逻辑
计算，我们还可以用二进制实现存储功能，设计各种存储芯片。

利用两个 PN 结即可组成一个 NPN 晶体管或者 PNP 晶体管。以图 1-7 所
示的 NPN 晶体管为例，它不仅可以控制电路的通断，还可以实现放大信号的
功能。NPN 晶体管有三个极，分别为集电极（Collector）、基极（Base）和发
射极（Emitter）。在集电极和基极上施加不同的负载，即可实现对电信号的放
大。在图 1-7 中，直流电流增益的值是 I_C/I_B。

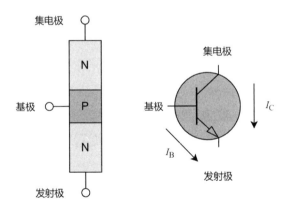

图 1-7　NPN 晶体管的结构（左）与符号（右）

利用此功能，我们便可以实现运算放大器，从而进行加、减或微分、积
分等数学运算。运算放大器既可以用分立器件来实现，也可以在集成电路中
实现。

除了逻辑芯片和存储芯片，还有传感器芯片。根据半导体的热敏效应、光电导效应、光生伏特效应，我们可以制作传感器芯片。集成电路发展大半个世纪以来，为了满足科技日益发展的需要，传感器已经变得多种多样。或许有些传感器已经不单单依赖于半导体的几个特性，但半导体材料依然是传感器芯片的基础。

以上的几个特性让使用半导体材料制作芯片成为可能。事实上，半导体材料可以延伸出一门深奥且复杂的学科，半导体材料用于制作芯片不仅依靠其独特的电学性质和光学性质，还依赖于它独特的力学性质、热学性质、能带结构等。如果你对这方面感兴趣，可以深入学习半导体材料这门课程。

1.2　晶体管的诞生

说到 20 世纪最伟大的发明，也许每个人心中会有不同的答案：计算机、核弹、青霉素……但毫无疑问的是，晶体管以及基于晶体管的发明大力推动了科技的进步和社会的发展。

1.2.1　晶体管小史

世界上第一台电子计算机 ENIAC 诞生于 1946 年，如图 1-8 所示。它由 17468 个电子管、6 万个电阻器、1 万个电容器和 6000 个开关组成，重达 30 余吨，占地 160 余平方米，耗电功率约为 174 千瓦，耗资 45 万美元。虽然 ENIAC 每秒只能运行 5000 次加法运算，但它仍然是一项伟大的发明。它主要由电子管组成，电子管有诸多缺点，如体积大、功耗高、电源利用效率低等，因此很难满足人们对计算效率的期望，这使得业界开始寻找电子管的替代品。

故事开始于隶属于美国电话电报公司（American Telephone & Telegraph，AT&T）的贝尔实验室。第一次世界大战后，AT&T 的研发部门不断扩张。1925年，时任 AT&T 总裁的 Walter Gifford 收购了西方电子的研发部门，成立了贝尔电话实验室公司（后改称"贝尔实验室"），由芝加哥大学的物理学家 Frank Baldwin Jewett 担任总裁。在此后的很多年里，多项伟大的发明都出自贝尔实验室，如蜂窝式电话系统、太阳能硅光电池、通信卫星等，其中就包括本节的主角——晶体管。

图 1-8　工程师在操作 ENIAC

1936 年，时任贝尔实验室主任的默文·乔·凯利（Mervin Joe Kelly）（见图 1-9）决定成立一个部门来研究固态物理，希望用半导体材料制造出比真空电子管更可靠、功耗更低、体积更小、效率更高的替代品。为此，他招募了多位青年才俊，威廉·肖克利（William Shockley）赫然在列。然而不久后，第二次世界大战爆发，这个部门不得不解散，这项研究也因此被搁置。

图 1-9　默文·乔·凯利

1945 年二战结束后，肖克利找来了号称"可以建造任何东西"的实验物理学家沃尔特·布拉顿（Walter Brattain）和明尼苏达大学的理论物理学家约翰·巴丁（John Bardeen），见图 1-10，还有其他一众物理学家、化学家和工程师，再次成立了半导体研究小组。经过近两年的潜心研究，终于有了成果。

图 1-10　左起分别为巴丁、肖克利和布拉顿

1947 年 12 月 16 日，研究小组测试了他们的新装置，为其输入了频率为1000Hz 的信号，结果在输出端获得了 30% 的功率增益和 15% 的电压增益，这个结果振奋人心！一周后，就在大部分美国人已经享受圣诞假期时，贝尔实

验室的科学家陆续来到办公室，正式向世界演示了第一个基于锗半导体材料的具有放大功能的点触式晶体管，如图 1-11 所示。半导体产业的传奇之路由此开启！

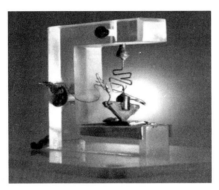

图 1-11　第一个点触式锗晶体管

在点触式锗晶体管发明以后的几十年，晶体管一直在发展变迁，其性能也在飞快地进步，一些重要的晶体管的发明时间和机构如表 1-1 所示。

表 1-1　晶体管的发展变迁

年份	晶体管类型	发明机构
1947	点触式锗晶体管	贝尔实验室
1953	表面势垒晶体管	菲尔科计算机公司
1953	结栅场效应晶体管	贝尔实验室
1959	平面型晶体管	仙童半导体公司
1960	金属氧化物半导体场效应晶体管	贝尔实验室
1999	鳍式场效应晶体管	加州大学
年份不详	全环绕栅极晶体管	发明机构不明
年份不详	多桥沟道场效应晶体管	三星

在晶体管发明出来之后，还有一点小小的插曲，那就是晶体管的命名。当时贝尔实验室的小组成员想了好几个名字，包括"晶体三极真空管""固态

23

三极真空管""半导体三极真空管"等。但最终采用了约翰·皮尔斯（John Pierce）提出的"晶体管"一词。据皮尔斯回忆："我之所以提出这个名字，是因为着重考虑了该器件是做什么的。那时，它本应该是电子管的复制品。电子管的电气特征是跨导（Transconductance），晶体管的电气特征是跨阻（Transresistance）。此外，这个器件的名称应当与变阻器、电热调节器等其他器件名称相匹配，于是我建议采用晶体管（Transistor）这个名字。"

1.2.2 晶体管的分类

晶体管的分类方式多种多样，按材料可分为硅晶体管和锗晶体管，按 PN 结的极性可分为 NPN 型晶体管和 PNP 型晶体管，按结构及制造工艺可分为扩散型晶体管、合金型晶体管、平面型晶体管和鳍式场效应晶体管等，按功能和用途可分为低噪声放大晶体管、中高频放大晶体管、低频放大晶体管、开关晶体管等，按功率可分为小功率管、中功率管、大功率管……本节主要介绍按工作原理分类的晶体管——双极型晶体管、场效应型晶体管和绝缘栅双极型晶体管，如图 1-12 所示。

图 1-12　晶体管的分类

双极型晶体管（Bipolar Junction Transistor，BJT），又称三极管，因其有两种不同极性的载流子——电子和空穴参与导电，所以被称作双极型晶体管。

BJT 由两个 PN 结、三个杂质半导体区域构成，根据 PN 结的材料不同，可以分为 PNP 型和 NPN 型。目前，国内生产的硅管多为 NPN 型，锗管多为 PNP 型。

BJT 是由电流驱动的半导体器件，图 1-13 是 BJT 的输出特性曲线，图中主要有三个区域：饱和区、放大区和截止区。在饱和区，晶体管的输出电流很大，电流通路中的电阻很小，晶体管处于导通状态。在截止区，晶体管的输出电流几乎为零，呈现的电阻趋于无穷大，晶体管处于截止状态。

在数字电路中，晶体管主要作为电子开关使用，工作在饱和区和截止区，导通和截止状态分别表示 1 和 0，从而实现逻辑运算、控制和存储等功能。在模拟电路中，晶体管的主要作用是放大和传输信号，工作在放大区。

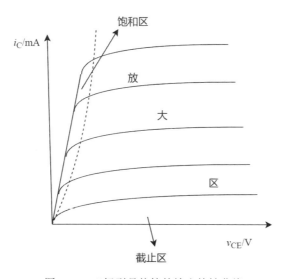

图 1-13　双极型晶体管的输出特性曲线

场效应型晶体管（Field Effect Transistor，FET）可分为两种，一种是结型场效应晶体管（Junction FET，JFET）、另一种是金属-氧化物半导体场效应晶体管（Metal-Oxide Semiconductor FET，MOSFET）。在场效应型晶体管中，由多数载流子参与导电，也称为单极型晶体管，属于电压控制型半导体器件。

JFET 分为 N 沟道和 P 沟道两种，以 N 沟道为例，其结构和符号如图 1-14 所示。在一块 N 型半导体材料的两边各扩散一个高杂质浓度的 P+区，形成两个 P+N 结。把两个 P+区并联在一起，引出一个电极 g，称为栅极；在 N 型半导体的两端各引出一个电极，分别称为源极 s 和漏极 d。它们分别与三极管的基极 b、发射极 e 和集电极 c 相对应。夹在两个 P+N 结中间的 N 区是电流的通道，称为导电沟道。

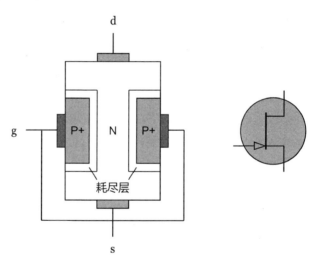

图 1-14　结型场效应晶体管的结构（左）和符号（右）

N 沟道结型场效应晶体管的工作原理很简单，在源极 s 和漏极 d 之间加一个偏置电压，通过调整偏置电压的大小和方向，可以控制耗尽层的宽窄，进而决定导电沟道是否被夹断。如图 1-15 所示，当源极和栅极电压 U_{gs} 等于 0 时，导电沟道处于导电状态，有电流通过；随着 U_{gs} 逐渐变大，耗尽层逐渐变宽，导电沟道电阻随之增大；当 U_{gs} 增加到某一个数值时，耗尽层闭合，导电沟道消失，电阻趋于无穷大，没有电流通过，此时 U_{gs} 的值称为夹断电压，记为 $U_{GS（off）}$。P 沟道结型场效应晶体管的工作原理与 N 沟道一致。

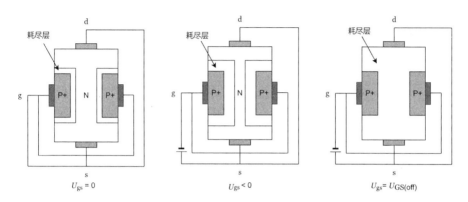

图 1-15　N 沟道结型场效应晶体管的工作原理

绝缘栅双极型晶体管（Insulated Gate Bipolar Transistor，IGBT）是由 BJT 和 MOSFET 组成的复合全控型电压驱动式的功率半导体器件。它融合了 BJT 和 MOSFET 的优点，如驱动功率小、饱和压降低等。IGBT 被广泛应用于汽车电子、航空航天、智能电网等领域。

1.3　集成电路的发明

在 2000 年诺贝尔奖的颁奖典礼上，瑞典皇家科学院宣布，将本年度诺贝尔物理学奖授予三位科学家，他们是俄罗斯圣彼得堡约飞物理技术学院（Ioffe Physico-Technical Institute）的若尔斯·阿尔费罗夫（Zhores I. Alferov）、美国加利福尼亚大学的赫伯特·克勒默（Herbert Kroemer）和德州仪器公司的杰克·基尔比（Jack Kilby）。彼时，距离集成电路的发明已经过去了 42 年，而这 42 年的漫长时光证明，在推动科技发展的过程中，集成电路扮演了无与伦比的重要角色。在获奖感言中，基尔比感叹道："要是罗伯特·诺伊斯还活着，肯定会和他分享诺贝尔奖。"在集成电路诞生的舞台上，聚光灯照向了这两位半导体先驱式的人物。

基尔比出生于 1923 年，家乡在美国密苏里州首府杰弗逊市。基尔比的父亲是一名电气工程师，在童年时代，基尔比经常在父亲的公司玩，对各种电气设备表现出了浓厚的兴趣。1947 年，基尔比从伊利诺伊大学毕业，获得电子工程学学士学位，随后进入全球联通（Globe Union）公司的中心实验室工作。他一边工作，一边在威斯康星大学米尔沃基分校攻读硕士学位。1958 年，基尔比加入德州仪器公司（TI）。那年夏天，当多数同事在南海岸度假的时候，基尔比却在构思集成电路。当时，基尔比已经在微型电路研究方向积累了相当丰富的理论知识，在他心中，把晶体管、二极管、电阻、电容、电感等元件都放在一块半导体晶片上的想法愈发强烈。

功夫不负有心人，1958 年 9 月，在助手谢泼德的帮助下，他们向德州仪器的高层人员展示了第一块锗集成电路——相移振荡器，如图 1-16 所示。当基尔比在输入端接上电源，输出端接上示波器后，一道完美的正弦波形划过示波器的屏幕，从此开启了信息时代之路。

罗伯特·诺伊斯（如图 1-17 所示）出生于 1923 年，家乡在美国爱荷华州柏林顿市，1939 年，诺伊斯一家搬到了爱荷华州的格林内尔。少年时期的诺伊斯便已经开始展现出了发明家特质，12 岁时，他和哥哥制造了一架重 25 磅、高 4 英尺、翼展 16 英尺的滑翔机，爬上屋顶准备体验一下飞翔的感觉，最终却以自由落体的方式落地。虽然中学时代的诺伊斯是一位"破坏发明家"，但他的学习成绩非常棒！后来，诺伊斯考上了当地最好的格林内尔学院攻读

物理学,并于 1949 年获得学士学位。随后他进入麻省理工学院深造,于 1953
年获得固体物理学博士学位。

图 1-16 基尔比发明的第一块锗集成电路

图 1-17 罗伯特·诺伊斯

1957 年,诺伊斯作为联合创始人创立了仙童半导体(Fairchild Semiconductor)
公司。1958 年,仙童半导体在一片晶圆(wafer)上生产晶体管和其他电子元
器件,再将晶圆切成单个电子元器件,然后用导线连接起来。诺伊斯发现切
割和再连线的动作着实多此一举,完全可以在一块硅晶圆上实现完整的电路。

1959 年春，诺伊斯起草了基于平面工艺的集成电路的专利申请书。同年，诺伊斯发明了第一块单片集成电路，如图 1-18 所示。

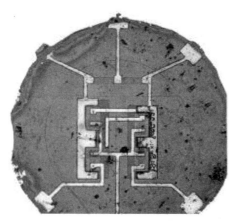

图 1-18　诺伊斯发明的单片集成电路

基尔比和诺伊斯几乎在同一时间发明了集成电路，这也引起了一场持续多年的专利权诉讼。基尔比的专利虽然申请在前，却在 1964 年 6 月 23 日才被批准，诺伊斯的申请虽然比基尔比稍晚，但早在 1961 年 4 月 26 日就被批准了。因为两人几乎同时且独立发明了集成电路，最终法院判决两个专利都有效。多年以后，当人们享受着集成电路带来的便利的科技成果时，也应该记得两位"集成电路之父"。

1.4　半导体巨头的鼻祖——仙童半导体

仙童半导体公司就像一朵成熟了的蒲公英，你一吹它，这种创业精神的种子就随风四处飘扬了。

——史蒂夫·乔布斯

在科技界，乔布斯是一众科技狂人的偶像，而罗伯特·诺伊斯是乔布斯
的偶像，也是他的导师。诺伊斯也是后来著名的"硅谷八叛将"之首。

要了解半导体的发展史，需要把目光放回到二十世纪五六十年代的美国
硅谷。1955 年，被誉为"晶体管之父"的肖克利离开贝尔实验室，把"二十
世纪最伟大的发明"带回了故乡——旧金山湾区南部的圣克拉拉，并创立了
"肖克利半导体实验室"，如图 1-19 所示。

The original building where Shockley Semiconductor Laboratory opened in 1956.

图 1-19　肖克利半导体实验室

随后，肖克利开始从全国招揽英才，在他巨大的光环下，一大批青年才
俊慕名而来，想在这里实现自己的技术梦想。最终，有八人被招募进了肖克
利半导体实验室，他们分别是罗伯特·诺伊斯（Robert Noyce）、戈登·摩尔
（Gordon Moore）、朱利亚斯·布兰克（Julius Blank）、维克多·格里尼克（Victor
Grinich）、金·赫尔尼（Jean Hoerni）、尤金·克莱尔（Eugene Kleiner）、杰·拉
斯特（Jay Last）和谢尔顿·罗伯茨（Sheldon Roberts），这就是著名的"硅谷
八叛将"，如图 1-20 所示。他们背景显赫，或是名校研究员，或是就职于著
名国际公司的工程师，且技术实力强劲、智商超高，极具创造力与对科技的
狂热之情。更重要的是，他们当时都不到 30 岁，堪称硅谷的"偶像天团"。

了不起的芯片

图 1-20 "硅谷八叛将",左起分别为:摩尔、罗伯茨、
克莱尔、诺伊斯、格里尼克、布兰克、赫尔尼、拉斯特

1956 年,肖克利因为发明晶体管而获得诺贝尔物理学奖,更让肖克利半导体实验室名扬四方。但好景不长,肖克利是一位伟大的科学家,却不是一位优秀的管理者。他对技术的执着让晶体管的商业进程受阻,再加之肖克利对下属的不信任,最终矛盾爆发了! 1957 年 9 月,八位青年才俊向肖克利提交了辞职报告。肖克利得知此事后勃然大怒,他怎么也不敢相信自己被几个初出茅庐的下属炒了鱿鱼,对于这位敏感、独断专横的老板来说,打击无疑是巨大的,大骂他们是"八叛徒"(Traitorous Eight)。

在许多人的认知里,只要概念到位、技术到位、资金到位,再拉上一批工程师就可以成立一家公司,然而事实上,当时创业并不像如今这般容易,想要拿到风投资金是很难的。最终,几经辗转,在美国东海岸一家做摄影器材生意的老板愿意为"硅谷八叛将"提供一笔资金,支持他们在未来八年内研发半导体器件,而新成立的公司则以这位老板费尔柴尔德(Fairchild)的名字命名,这就是名噪一时的仙童半导体公司,如图 1-21 所示。1958 年 1 月,仙童半导体收到了来自 IBM 公司的第一张订单——订购 100 个硅晶体管,用于该公司电脑的存储器。随后，仙童的发展进入了快车道。1959 年，随着平面半导体工艺的日趋成熟，仙童向美国专利局申请了集成电路的专利，使得仙童成为硅谷最闪耀的明星公司之一。随后，摩尔发表对集成电路产业的预言[1]，更为仙童增添了一抹传奇的色彩！

图 1-21　仙童半导体公司

1967 年，仙童的营业额已接近 2 亿美元，放在今天，2 亿美元的营业额或许不足为道，但在当年却是天文数字。仙童也成了半导体人才最向往的公司，因为进入了仙童，就等于跨进了硅谷半导体工业的大门。

随着仙童半导体公司利润的不断攀升，在喜人的业绩下，危机却也开始孕育。仙童母公司不断把利润转移到东海岸，支持费尔柴尔德的摄影器材公司，引起了多位核心员工的不满，最终他们纷纷离职出去创业，硅谷的半导体公司由仙童的"一枝独秀"变为"遍地开花"。

---

[1] 摩尔对集成电路产业的预言，即著名的摩尔定律，详见 1.5 节。

从仙童出走的人才精英创办的半导体公司后来都赫赫有名，在随后的几十年中几乎统治了整个半导体界，让我们来细数一下。

- 1968 年，"八叛将之首"的诺伊斯、摩尔定律预言者摩尔，以及硅谷著名的"偏执狂"安迪·格鲁夫（Andy Grove）共同成立了英特尔公司。

- 1969 年，仙童销售部主任杰里·桑德斯（Jerry Sanders）带领 7 位仙童员工成立了 AMD。

- 1966 年至 1967 年，"模拟设计大神"Bob Widlar 和仙童总经理 Charles Sporck 先后离开仙童，加入美国国家半导体公司。

- "硅谷八叛将"中的赫尔尼、克莱尔和罗伯茨共同成立了阿内尔科（Amelco）公司……

1969 年，在森尼韦尔（Sunnyvale）举行了一场半导体工程师大会，在 400 位与会者中，未曾在仙童公司工作过的还不到 24 人。后来，据不完全统计，与仙童有直接或者间接渊源的半导体公司达 400 家。在国内的半导体界，清华大学、北京大学、中国科学院大学、复旦大学、电子科技大学和西安电子科技大学（简称"两电"）等高校，以及 AMD、TI、海思半导体等一线半导体公司为业界输送了大量的专业人才，人们总是争论到底哪所高校或者哪家公司才是半导体界的"黄埔军校"，但在我看来，追根溯源，仙童半导体公司才是半导体界当之无愧的鼻祖！

1.5 摩尔定律：真的是定律吗

1965 年 4 月 19 日，英特尔创始人之一摩尔应邀在《电子》杂志创刊 35

周年之际发表了一篇著名的文章，其核心观点是：未来十年，在价格不变的前提下，最先进的集成电路单位面积所能容纳的元件数量将以约每年翻一番的速度增加。1975 年，摩尔在电气与电子工程师协会（Institute of Electrical and Electronics Engineers，IEEE）的学术年会上提交了一篇论文，根据当时的实际情况，对"晶体管密度每年翻一番"的增长率进行了重新审定和修正，改为"晶体管密度每两年翻一番"，后来又修订为"晶体管密度每 18 个月翻一番"。从此，摩尔的观点开始在业界广泛流传并为人们所接受——这就是著名的摩尔定律（Moore's law）。

不知道第一个把这个观点翻译成"摩尔定律"的是何人。在《牛津英语词典》中，英文 law 有"法律、定律、规律"等释义。因此，我个人认为称它为"摩尔规律"更合适，因为这本来就是戈登·摩尔的经验之谈，并非自然科学定律。与此同时，它不需要理论支撑，有英特尔这个半导体巨头作为践行者就足以让摩尔定律闻名于世。这也是摩尔定律要比其他物理科学定律（如焦耳定律、库仑定律、开普勒三定律、基尔霍夫三定律等）更为人所熟知的原因。

在摩尔定律诞生以后的半个世纪，它精准地预测了芯片制造工艺的发展趋势，就连戈登·摩尔本人对此也惊讶不已，毕竟摩尔定律在诞生之初，只是为了预测未来十年半导体工艺的发展。2007 年，英特尔推出了"Tick-Tock战略"，一个 Tick-Tock 周期代表着每两年一次的工艺制程和架构更新。即在 Tick 年，英特尔升级工艺制程；在 Tock 年，升级芯片的微架构。这一战略让英特尔在业界保持了近十年的领先优势。直到近年来，英特尔因为工艺研发缓慢而被用户戏称"牙膏厂"，才不得不提出 IDM2.0 模式，将部分产能分给其他设计公司获取收益，同时将高端芯片的制造直接送入台积电的怀抱，以此增强英特尔产品的竞争力。

　　在工艺制程进入 10 纳米以下后，工艺研发越来越艰难，研发投入也越来越高，摩尔定律正在以肉眼可见的速度放缓。但一代又一代的半导体科研人员仍在使出浑身解数来延续摩尔定律，从平面晶体管（Planar FET）到鳍式场效应晶体管（FinFET），再到全环绕栅极晶体管（Gate-all-around FET）和多桥沟道场效应晶体管（Multi-Bridge Channel FET），如图 1-22 所示。可以看到，晶体管从平面走向立体，从而解决了因为工艺制程的缩小而带来的漏电、功耗、电流控制能力弱等问题，新的晶体管结构也让芯片工艺下探到 3 纳米以下成为可能。因此，发明鳍式场效应晶体管的胡正明教授曾被人们称为"拯救摩尔定律的人"。

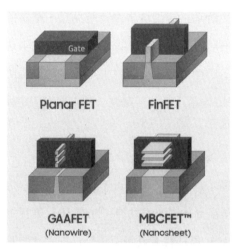

图 1-22　晶体管结构的演变

　　摩尔定律的本质是对芯片工艺制程发展规律的预测，而非约束，但这并不影响摩尔定律的伟大意义。在半导体发展的浪潮中，摩尔定律仿佛一个风向标，预测着芯片的工艺迭代进程，因而时常被半导体从业者提起并津津乐道。

1.6 半导体舞台上的美、日、韩

在辉煌的半导体历史舞台上，美国一直处于中心位置。第一个晶体管、第一块集成电路，以及众多知名的半导体公司都诞生于美国。直到今天，美国在这一领域依然处于霸主地位，但纵观半导体发展的历史，美国的霸主地位也曾遭受到严重的冲击。

二战后，美国积极地在基础工业建设和前沿科技方面进行投入和探索。与此同时，为了建立全球的霸主地位，对抗苏联，并强化在亚洲的地位，美国对日本进行了经济、基础建设和技术等多方面的扶持，而半导体技术也在扶持范围内。20 世纪 50 年代，日本政府支持日本企业学习美国的半导体技术。1968 年，美国德州仪器公司接受日本提出的技术转移条款，与索尼公司组建合资公司，进军日本市场。1976—1979 年，由日本政府牵头发起 "超大规模集成电路联合研发计划"，东芝、三菱、日立、富士通、日本电气（NEC）等大企业集中自己的优势资源攻克半导体技术难题，当时牵头整合的人就是日本半导体研究的 "开山鼻祖" 垂井康夫，见图 1-23。

图 1-23 左二为垂井康夫

了不起的芯片

20世纪80年代，日本经济快速发展，牢牢占据了全球第二大经济体的位置，日本的半导体产业也迅速崛起。1985年，日本第一次在半导体市场占有率方面超越美国，成为全球最大的半导体制造国。高峰时期，日本生产的DRAM芯片曾坐拥全球80%的市场份额。1986年，在世界十大集成电路厂商名单中，美国占3个，日本占6个，韩国占1个。当时的榜首是日本电气股份有限公司，第二名和第三名分别是东芝和日立。而反观同时期的美国半导体公司，则是相当狼狈的。1981年，AMD净利润断崖式下滑逾66%；1985年，美国国家半导体公司收入下降了17%，从5900万美元的营业利润变为亏损1.17亿美元；1986年，硅谷"蓝色巨人"英特尔在美日半导体争夺战中亏损1.73亿美元，宣布退出DRAM存储业务，濒临破产。1986年，日本领先的计算机制造商——富士通公司甚至提出收购仙童半导体，结合仙童在美国半导体的地位，这一举动可谓"杀人诛心"，也令整个硅谷陷入了前所未有的困境。

在这场美日的半导体争霸赛中，日本获胜主要有以下原因。

一是对科技的重视，日本企业当时疯狂地学习美国的新技术，再加上日本处于二战后的"婴儿潮"时期，人口快速增长，为半导体的大规模制造提供了充足的劳动力。

二是各家企业之间取长补短，在政府的牵头下充分发挥自身优势，研发效率成倍提升。

三是日本的半导体器件稳定性好、合格率高，良好的品质在半导体界是非常重要的。

四是价格优势，日本半导体界当时发起了价格战，所有的半导体器件都比美国的便宜至少10%。

在这样的背景下，美国很多半导体产业工人开始失业。1985 年，华盛顿的民众走上街头，大声抗议日本对美国半导体产业形成的冲击，由此拉开了美国制裁日本的序幕。

危机之下，英特尔创始人诺伊斯、AMD 创始人桑德斯、时任美国国家半导体公司总裁查尔斯·斯波克等人联合其他硅谷企业成立了美国半导体行业协会（Semiconductor Industry Association，SIA）。SIA 决定，硅谷的企业之间暂时搁置竞争，共同应对来自日本半导体企业的冲击。随后，SIA 对美国政府进行游说，取得了不错的成果，诸如把硅谷的半导体公司的税率从 49% 降低至 28%，推动养老金进入半导体风险投资领域等。但这些举动只是从美国国内入手，仍然无法有效抵挡来自日本的竞争压力。

SIA 希望政府出面干预半导体贸易，但美国政府坚持开放自由的市场，此时的硅谷企业已岌岌可危。最终，SIA 以日本半导体企业威胁美国"国家安全"为由，成功说服了美国政府，对日本半导体企业发起制裁，并发生了两起著名的事件。

一是"东芝事件"。起因是日本偷偷以 35 亿日元的价格卖给苏联 4 台机床。在冷战的背景下，向社会主义国家出口商品要受到"巴黎统筹委员会"[1] 的协议限制。美国以此为由，对东芝开出 150 亿美元的罚单，并且禁止东芝在未来 5 年内向美国出口商品。此次事件不仅让东芝元气大伤，而且令日本半导体界发生了震动。

二是"IBM 商业间谍事件"。为了调查日本，美国派 FBI 特工假扮 IBM

---

1 简称"巴统"，是 1950 年 1 月 1 日在美国牵头下成立的非正式国际组织。该组织的主要目的是对社会主义国家实行禁运和贸易限制，包括武器及相关设备、高科技产品、稀有物资等。

了不起的芯片

员工，故意向日立高级工程师林贤治透漏 IBM 的核心资料。林贤治与假冒的
"IBM 员工"熟络后，向其表达了希望能获取更多资料的想法，此时这位特工
显露原型，美国因此掌握了"日本窃取美国关键技术"的有力证据，对日本
企业施以重罚，并通过媒体为日本的半导体企业扣上"只会窃取"的帽子。
后来，此次事件也被列入全球历史上"十大著名商业间谍案"。

　　在这两次著名的事件之后，美国"乘胜追击"，根据"美国贸易法 301 条
款"对日本多个领域的商品进行调查。1986 年年初，美国裁定日本 DRAM 存
储芯片存在倾销行为，要求征收 100%的反倾销税。

　　随后，为了表达对制裁日本的支持，美国国会的几名议员更是在白宫门
前直播砸毁日本东芝收音机，如图 1-24 所示。

图 1-24　美国国会议员砸毁东芝收音机

　　在美国一系列的组合拳之下，日本半导体产业遭受重创，最终日本政府
选择让步。1986 年 9 月，美国和日本签订《美日半导体协议》，该协议主要包
括以下三个方面的内容。

（1）限制日本半导体对美出口数量，并由美国制定所谓的"公平价格"。

（2）外国半导体产品在日本的市场份额占比要强制达到 20%。

（3）保护美国的知识产权。

毫无疑问，这份协议是不公平的，这也是日本半导体行业走向衰落的开始。1991 年，美国认为外国半导体产品在日本的市场份额仍不足 20%，于是强迫日本签订了第二份半导体协议，用以巩固自己的地位。1993 年，美国在全球的半导体市场份额反超日本，夺下第一的宝座，这才让美日的半导体之争告一段落。

20 世纪 80 年代是半导体行业关键的十年，这十年间日本处于舞台的中心。多年以后，美国将曾经对日本所用的不光彩手段，又故技重施在中国的半导体和通信产业上。

1993 年，还有一件大事堪称半导体业界产业转移的转折点，那就是在全球十大半导体公司中，除了美国和日本的公司，还出现了新面孔——韩国三星电子。在日本半导体逐渐衰落后，三星抓住了发展机遇。从 20 世纪 90 年代开始，半导体行业呈现出细分的趋势。韩国作为后来者，必须选择合适的细分方向，才能保证在半导体产业链中占有一席之地。在处理器领域，英特尔和 AMD 牢牢占据市场主导地位；在模拟芯片领域，TI 公司拥有深厚的技术积累。在这两个领域，韩国显然无法同美国竞争，但 DRAM 是一个不错的切入口：一方面，美国公司在与日本公司的竞争中纷纷砍掉了 DRAM 业务；另一方面，在美国的打击下，日本的半导体企业已经在走下坡路。面对韩国的竞争，日本与韩国打起了 DRAM 价格战，面对质优价廉的韩日 DRAM，劳动力价格高昂的美国公司叫苦不迭。随后，美国对日本和韩国公司发起了反倾销诉讼。就在这场诉讼中，一件改变半导体格局的事情发生了。三星第二代掌门人李健熙利用美国打压日本半导体产业的机会，派出强大的公关团队游说美国政府，同美国一起打压日本。此次游说效果明显，最终美国仅向三星收取了 0.74%的反倾销税，日本则被收取最高达 100%的反倾销税。此事再次证明，在霸权面前，毫无公平可言。

与此同时，三星对技术非常重视，多次派技术人员前往硅谷和日本交流学习，而韩国也是举国支持三星的发展，在几经沉浮之后，韩国半导体产业步入了快车道。

- 1992 年，三星开发出 64MB 容量的 DRAM。
- 1993 年，三星荣登存储器市场份额第一的宝座。
- 1996 年，三星开发出世界第一个 1GB 容量的 DRAM。
- 2002 年，三星 NAND Flash 的市场占有率位居世界榜首。

2000 年，韩国公司开始引领存储器市场。在 DRAM 市场份额前五的公司中，韩国独占两家，三星以 23%的市场占有率位居第一，现代电子以 19.36%的市场占有率位居第三。20 世纪 90 年代，半导体产业完成了向韩国的第二次转移，这十年期间，韩国取代日本成为聚光灯下耀眼的明星。

在半导体的舞台上，美、日、韩轮番登场。美国发明了晶体管与集成电路，由此开启了半导体时代；日本用精益求精的制造精神奋起直追；而韩国从美日争霸中获益，伺机崛起。两次半导体产业的转移既是市场运作的规律，也是国家之间博弈的结果。几经沉浮，直到今天，美、日、韩在全球半导体领域依然处于非常重要的地位。

1.7 半导体产业没有夕阳

进入 21 世纪以来，唱衰半导体的声音时常出现。一方面是因为国际芯片巨头产业分工明确，整个行业发展越来越成熟；另一方面则是因为摩尔定律放缓，随着晶体管关键尺寸的缩小，难以克服短沟道效应和量子遂穿效应，为新工艺的研发带来了重重困难。但是，这些现象真能说明半导体产业已经进入夕阳阶段了吗？

所谓夕阳产业，是对趋向衰落的传统产业的一种形象称呼，与产品生命周期有关。有些产品技术已经成熟，创新趋于枯竭，市场饱和导致供需关系失衡，产业 GDP 在国民经济中的占比不断降低，过低的利润让企业发展难以为继，这些都是夕阳产业的标志。从技术发展、市场需求、国家战略等方面纵观全球的半导体行业，它不但不是夕阳产业，甚至在我国，说它是朝阳产业也不为过。

1.7.1 半导体技术的发展

从工艺的角度看，在平面晶体管时代，人们认为 22 纳米就是晶体管的极限，但是 FinFET 的出现延续了工艺制程的发展。2014 年，很多人认为 7 纳米是极限，但如今 5 纳米和 3 纳米芯片已经量产。如表 1-2 所示，根据国际器件与系统路线图（International Roadmap for Device and System，IRDS），2034年，等效工艺节点将达到 0.7 纳米。这意味着在未来的十几年中，工艺制程依然有非常大的进步空间。

表 1-2　芯片工艺制程发展路线

产品年份	2021	2022	2025	2028	2031	2034
逻辑工艺制程代号	5nm	3nm	2.1nm	1.5nm	1.0nm	0.7nm
真实导电沟道长度	18nm	16nm	14nm	12nm	12nm	12nm
采用的晶体管结构	FinFET	FinFET LGAA	LGAA	LGAA	LGAA-3D	LGAA-3D
封装工艺	2D	3D-stacking	3D-stacking	3D-stacking, Fine-pitch stacking	3D-stacking, 3D VLSI	3D-stacking, 3D VLSI
导电沟道材料	25%的SiGe	50%的SiGe	50%的SiGe	Ge, 2D 材料	Ge, 2D 材料	Ge, 2D 材料

从架构的角度看，业内巨头在不断地推陈出新。比如，AMD 从曾经的 K8 架构发展到今天的 Zen 架构，英特尔处理器从奔腾发展到如今的酷睿，每一次架构革新都能把处理器的性能提高一个台阶。从英特尔的"Tick-Tock 战略"中也能看出，在对性能的影响方面，架构和工艺同样重要。

从异构整合的角度看，新的芯片形态在不断涌现。广义而言，凡是将两种不同的芯片（如存储芯片＋逻辑芯片、光电＋电子元件等）通过封装、3D 堆叠等技术整合在一起的过程，都可以称作异构整合。因为应用市场更加多元，每项产品的成本、性能和目标用户都不同，因此所需的异构整合技术也不尽相同。市场分众化趋势逐渐显现，为此，芯片制造、封装、半导体设备纷纷投入异构整合发展中，为异构整合提供了可能性。

从封装的角度看，技术在不断发展，虽然封装并不能直接提高芯片的性能，但是先进的 3D 封装工艺比传统的 2D 工艺有很多优势。

● 3D 封装更有效地利用了硅片的有效区域。

- 用 3D 设计替代单芯片封装，可以缩小器件尺寸，减轻重量。
- 3D 封装的裸片直接互连，互连线长度显著缩短，信号传输更快且所受干扰更小。

主流的半导体公司都在研究 3D 封装技术。比如，台积电的晶圆叠加（Wafer-on-Wafer）3D 芯片封装工艺，通过硅通孔（Through Silicon Via）技术实现了真正的 3D 封装。此外，英特尔的 Foreros 3D、三星的 X-cube、AMD 的 3D V-Cache 等都是非常先进的封装技术。3D 封装能把多个芯片像盖房子一样层层堆叠起来，甚至能把不同工艺、结构和用途的芯片封装在一起。举个例子，图 1-25 是 AMD 霄龙 7003 处理器，它可以分为两种裸片：接口互连及安全模块等对性能要求不高的逻辑可以放在 I/O 裸片（中间的黑色裸片）中，采用 12 纳米工艺制程；而处理器核心（周围 8 个面积较小的裸片）则采用更先进的 7 纳米工艺制程。二者通过 3D 封装工艺黏合到一起，成为一个完整的芯片，以达到性能和成本的平衡。

图 1-25 采用 3D 封装的 AMD 霄龙 7003 处理器

这种把多个裸片封装到一个芯片中的技术，我们称之为 Chiplet 技术，它就像搭积木一样，把小芯片组合成大芯片。从上面的分析可以看出，异构整合、Chiplet 技术与封装三者是相辅相成、共同发展的。

从材料的角度看，一些新兴领域的兴起催生了半导体行业的新需求，而半导体材料也随之推陈出新、大放异彩，关于半导体材料的介绍详见 9.4 节。

1.7.2 芯片的国产替代化和市场需求

根据国家统计局发布的《中华人民共和国 2022 年国民经济和社会发展统计公报》，2022 年我国集成电路出口数量达 2734 亿个，比上年增长-12%，出口总金额达 10254 亿元，比上年增长 3.5%；2022 年集成电路进口数量为 5384 亿个，比上年增长-15.3%，进口总金额为 27663 亿元，比上年增长-0.9%。作为对比，2022 年原油进口总金额为 24350 亿元，芯片进口总金额是原油的约 1.14 倍。[2]巨大的贸易逆差让我国在国际贸易中处于不利的地位，所以发展芯片是我国亟待解决的问题之一。

从大型的手机系统级芯片来看，手机终端商如果使用高通手机芯片，除了要支付芯片购买费用，还需要向高通缴纳专利使用费。即使手机终端商不使用高通芯片，也需要向高通定期报备手机出货情况，并缴纳专利费。高额的进口费用造成了每年超过 1.6 万多亿元的贸易逆差。芯片的国产替代化势在必行，这也是国家层面的战略。

从中小型的芯片或者传感器来看，其在国内依然有巨大的市场。目前很多公司在开展这方面的工作，如电源管理芯片、信号链芯片、MEMS 芯片、射频芯片、物联网芯片、MCU 等。最近几年，不少新生代的芯片公司崭露头角，如纳芯微电子、思瑞浦、琪埔维半导体、恒玄科技、乐鑫科技、艾为电子、荣湃半导体等。

半导体行业从来不是独立发展的，而要依托新的市场需求。其中，5G 芯片、物联网芯片、自动驾驶芯片、人工智能芯片等对半导体来说都是新的机遇。

在"后摩尔时代"，有人在为半导体是否会成为夕阳产业而担心，却也有人在探寻怎样才能不错过半导体的"风口"。作为行业的一员，我们与其杞人忧天或投机取巧，不如踏踏实实地走好每一步，不要以为摩尔规律放缓，芯片就走到了尽头。为了对抗摩尔定律放缓，科学家和工程师在不断研发和探索新技术、新材料。

芯片作为一个基于多门学科并包含众多高精尖技术的"人造物巅峰产品"，其发展也是多方向的，对整个国家乃至整个世界来说，半导体行业的发展都意义深远，所以说"半导体产业没有夕阳"。

1.8   本章小结

本章介绍了半导体领域的基本概念、发展历史、伟大的科学家及传奇的公司，我们重温了那些历史上激动人心的时刻和风云诡谲的转折。

半导体属于技术密集型产业，由科技推动、市场引领，并在竞争与合作中不断发展。纵观半导体的发展史，我们不难发现，获得诺贝尔物理学奖的发明不在少数，比如 1947 年发明的点触式锗晶体管、1958 年发明的隧道效应二极管、1959 年发明的集成电路、1969 年发明的电荷耦合器件和 2004 年发明的石墨烯。"以史为镜，可以知兴替"，我国一直在强调科技创新的重要性，并在全球的半导体产业链中扮演越来越重要的角色。

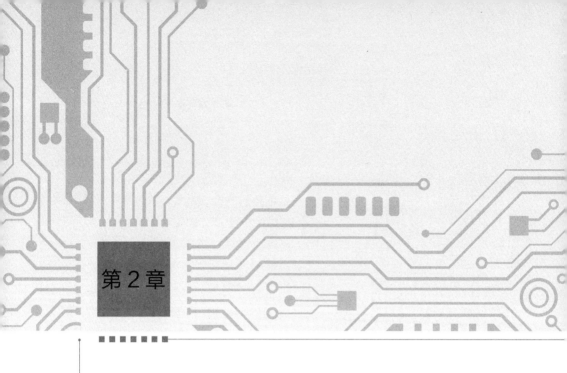

第 2 章

三分天下的指令集

或许是《三国演义》的故事过于深入人心，以至于凡是有三方势力形成三足鼎立的局面，总是有荡气回肠的故事发生且让人听起来热血沸腾。在指令集的"武林"中，每一套指令集都相当于一个"武术门派"，单个指令则相当于一个"招式"。性能、兼容性、易实现性是一套指令集"立足武林的根本"；编译器、操作系统、应用软件则是"稳固门派及江湖地位的保障"；服务器、消费电子、物联网等领域好比不同指令集处理器"论剑的擂台"。在这里，上演着一场又一场剑客对诀……

2.1　什么是指令集

指令集（Instruction Set Architecture，ISA），又可以称为指令集架构，是指拥有处理器结构的芯片（如 CPU）中用来计算、存储、控制计算机系统的一套指令的集合。我们可以认为指令集是计算机软件和硬件之间的接口，是软件控制硬件的计算机抽象模型的一部分。在 CPU 架构设计之初就要进行指令集的设计，因为指令集决定了 CPU 能够做什么以及如何做。除此之外，指令集也决定了 CPU 支持的数据类型、运行模式、硬件如何管理及访问内存、关键特性（如虚拟内存）等。

我们在电脑或者手机上所做的任何事，比如看电影、打开一个文件夹、运行一段 Python 程序等，都需要通过编译器编译成一条条的机器指令，这样才能让 CPU 识别并且执行。软件应用、指令集与硬件之间的关系如图 2-1 所示。指令集的先进与否关系到 CPU 的性能，因此它也是体现 CPU 性能的一个重要标志。

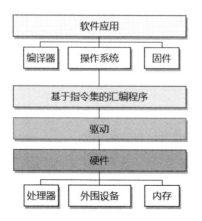

图 2-1　软件应用、指令集和硬件之间的关系

指令集的概念比较抽象，它不是具象化的实物，不会放在 CPU 内部物理结构的某个地方；它也不是可以存放在缓存、存储器或者寄存器阵列中的数据。为了更简单准确地理解指令集，下面通过一个形象的例子来说明。

如果我想从上海去北京，那么可以把从上海去北京的任务看成由 CPU 中

了不起的芯片

一个指令或者多个指令集完成的任务。基于不同的指令集设计的 CPU 完成该任务的效率不同：基于 x86 指令集的 CPU 执行该任务的方式是坐飞机，基于 ARM 指令集的 CPU 则是乘高铁。相比之下，采用 x86 指令集的 CPU 速度更快些，但油耗更高。但如果把从上海到北京的任务换成从上海到苏州，那么可能采用 ARM 指令集的 CPU 更快一些。

假设此时我设计了一套非常厉害的指令集，暂且就叫作 A 指令集吧！基于它设计的 CPU 执行从上海到北京的任务的方式是"超级高铁"，仅需 1 小时就能到达，那么其效率就完胜基于 x86 和 ARM 指令集设计的 CPU。

与此同时，我的一位同事也设计了另一套指令集，称为 B 指令集。基于 B 指令集设计的 CPU 执行从北京到上海的任务所采用的方式是驾车，那么如果使用这套指令集，其结果是不仅效率差，还异常耗电，没过多久这款 CPU 可能就因为运行速度慢和功耗高被淘汰了。

如果我的另一位同事也设计了一套指令集，称为 C 指令集。这套指令集非常失败，无法完成从上海到北京的任务，因为他既没去过北京，也不知道北京怎么走，那么这款 CPU 就无法实现完成该任务的功能。

综上，坐飞机、驾车、乘高铁和"超级高铁"这些概念都只是实现具体任务的方式，这些方式随着交通的发展而逐渐完善，形成了成熟的生态。若要实现这些任务，就要有飞机、机场、高铁、车站等交通工具和设施，而这些设施的本质就是 CPU 的晶体管电路本身。

第一块支持 x86 指令集的是英特尔 8086 处理器，如图 2-2 所示。从 8086 及更早的一些处理器开始到现在，各种处理器的指令集也发生了翻天覆地的变化，从大家耳熟能详的 x86、ARM、RISC-V，到令人比较陌生的 MIPS、

LoongArch、DEC Alpha、IA64，它们之间的差距非常大。指令集通常可以分为两大类，一类是以 x86 为代表的复杂指令集（Complex Instruction Set Computer，CISC），另一类是以 ARM、RISC-V 为代表的精简指令集（Reduced Instruction Set Computer，RISC）。

图 2-2　英特尔 8086 处理器

值得一提的是，2020 年，龙芯中科基于二十年的 CPU 研制和生态建设经验推出了龙芯指令系统（LoongArch®），包括基础架构部分和向量指令、虚拟化、二进制翻译等扩展部分，总计近 2000 条指令。龙芯指令系统从整个架构的顶层规划，到各部分的功能定义，再到细节上每条指令的编码、名称、含义，在架构上进行重新设计，具有充分的自主性。这对我国的半导体行业来说是一个具有重要意义的里程碑！

2.2　宝刀未老的 x86

1978 年，英特尔发布了 16 位的 8086 处理器，这款处理器是使用 x86 指令集架构的开端。x86 的名字来源可以分为 x 和 86 两部分，86 是因为 8086 处理器的继承者大多以 86 为结尾命名，包括 80186、80286、80386 等，x 则代表处理器代号 86 前的几位。在 86 系列处理器的发展过程中，不断有新的扩展指令加到最初的 x86 指令中，而且是向后兼容的。目前，采用 x86 指令集架构的 CPU 主要有英特尔和 AMD 两家公司。

了不起的芯片

x86 指令集的发展史也可以看作 CPU 的发展史。随着英特尔和 AMD 推出一代又一代性能强劲的 CPU，x86 指令集家族也在不断加入新的成员。从最初的仅有 81 条指令的 8086 处理器，到如今拥有 3600 多条指令的"大块头"，x86 指令在过去几十年中经历了多次扩展与更新，最终这个指令集的数目和我们常用的汉字数目差不多。表 2-1 列出了几个容易理解且具有代表性的 x86 扩展指令。

表 2-1　x86 扩展指令示例

指令	含义	注释
CPUID	代表 CPU 的唯一编号	相当于人的身份证，通过这个 ID 可以识别 CPU 的型号、关键特性等信息
INVD	刷新内部缓存	刷新缓存或者使缓存中的数据失效，通常在缓存内容需要丢弃而不是写回内存时使用该指令
RSM	恢复中断程序的运行	从系统管理模式返回到被中断的应用程序或操作系统
RDPMC	读取性能监视计数器的数据	主要用于消除用户程序读取性能计数器时出现的错误
SYSENTER	进入系统	也称为快速系统调用指令，目的是提高操作系统调用的性能

x86 作为指令集中的"元老"，它的优点和缺点都比较明显。x86 的主要优点如下。

- 指令兼容性好，新一代的指令集完美兼容前一代的指令集，这意味着操作系统的兼容性也比较好。
- 单条指令功能强大，有利于软件开发。
- 扩展能力强，采用 x86 架构的 PC 外设接口，多于采用 ARM 架构的手机以及采用 RISC-V 架构的消费电子产品。
- 指令采用顺序执行，控制简单。
- 采用 x86 架构的处理器主频更高，性能更强。

此外，x86 还存在功耗高、指令复杂、通用寄存器少、指令体系烦琐且笨重等缺点。业内有人认为，x86 指令集不仅限制了 CPU 的发展，而且限制了软件工程师对基于 x86 平台系统的优化。

x86 指令集架构的持有者为英特尔和 AMD，其他厂商想要设计 x86 架构的 CPU，就要获得英特尔和 AMD 的授权。俗话说"一山不容二虎"，x86 诞生于英特尔，但英特尔为什么会心甘情愿地让 AMD 白白占有 x86 的使用权呢？20 世纪 80 年代，英特尔和 AMD 因为 x86 的授权展开了一场长达多年的诉讼，尽管最终 AMD 胜诉，但重新拿到 386 处理器的授权时，因为 CPU 更新换代非常快，386 处理器早已被时代抛弃，导致 AMD 并没有占到便宜，反而两家公司因为打官司而耗费了巨额的财力和人力。

转折点发生在 1999 年，AMD 推出了自己的 x86-64 架构，相比于同期英特尔推出的 64 位架构 IA64，x86-64 最大的优势是可以兼容 32 位的 x86。2003 年，AMD 推出了其内部首款 64 位处理器速龙 64，随后 AMD 又推出了进化版的速龙 64 FX 处理器，如图 2-3 所示。这款处理器的大卖让当时的 AMD 一举翻身，颇受电子发烧友的追捧，2004 年到 2006 年也是 AMD 在和英特尔竞争中的高光时刻！后来市场对 x86-64 架构 CPU 的反响非常好，英特尔也吸纳了 x86-64 架构，与 AMD 交叉授权，从此二者共同拥有 x86。

图 2-3　速龙 64 FX 处理器

基于 x86 指令集架构的处理器目前被广泛应用于个人电脑、工作站和服务器中。苹果发布的基于 ARM 架构的 M1 处理器尽管在 MacBook 上取得了成功，但是仍难以撼动 x86 处理器的地位。一方面是因为英特尔和 AMD 顶级的 x86 处理器性能依然在业内领先；另一方面，经过几十年的技术积累，x86 平台的软件生态非常完善且强大。所以说，x86 指令集的江湖地位犹如屠龙刀，尽管面对 ARM 和 RISC-V 等后起之秀的冲击，但它仍然宝刀未老！

2.3 异军突起的 ARM

ARM（Advanced RISC Machines）在业界有多种含义，首先 ARM 是一家公司的简称，其次 ARM 是一系列处理器的统称，同时 ARM 也是一种精简指令集架构。

ARM 的发展历史可以追溯到 1978 年，当年克里斯·库里（Chris Curry）所任职的公司遭遇财务危机，每况愈下，库里在和创始人深入沟通后，决定离职。当时的库里对微型计算机很感兴趣，随后和他的朋友赫尔曼·豪泽（Hermann Hauser）创立了剑桥处理器（Cambridge Processor Unit）有限公司。1979 年，该公司改名为橡果电脑（Acorn Computer）有限公司。橡果公司在成立初期主要从事电子设备设计和制造业务，其第一个大获成功的产品是 1981 年 12 月为英国广播公司设计的微型计算机。1985 年是橡果电脑的一个重要的里程碑，他们独立完成了 32 位微处理器的设计，采用精简指令集、3 微米工艺，包含 25000 个晶体管。这个处理器是 ARM 架构的起点，即 ARMv1。

1990 年，由 VLSI 科技公司投资，橡果和苹果各自持有 43%股份的 ARM

公司在英国成立了，此后 ARM 就成了 Advanced RISC Machines 的缩写。最初的 ARM 只有很少的工程师，办公场所在剑桥的一个谷仓里，如图 2-4 所示。

图 2-4　剑桥的一个谷仓，是 ARM 成立之初的办公场所

　　1996 年，ARM 与德州仪器、三星、诺基亚等公司建立合作，实现盈利。诺基亚 6110 手机中经典的游戏——贪食蛇，就是基于 ARM7 TDMI 芯片开发的。1998 年，ARM 在纳斯达克上市，挂牌交易，彼时的 ARM 市值已达十亿美元！2004 年，ARM 发布了 Cortex-A、Cortex-R、Cortex-M 三个系列的处理器。细心的读者可能发现了，这三个系列的处理器用的就是 ARM 的三个字母。2007 年 2 月，ARM 第一款 GPU——Mali-200 正式走向市场。同年，在科技界还有一件大事，那就是 iPhone 诞生了！iPhone 可谓是一部具有划时代意义的电子产品，其中搭载的就是基于 ARM 核心设计的芯片。随着智能手机时代的来临，ARM 也异军突起，2007 年，基于 ARM 核心设计的芯片出货量已达 100 亿颗！

　　2016 年，ARM 被日本软银集团收购。2020 年，软银拟以 400 亿美元的价格将 ARM 出售给英伟达，但因多家监管机构反对，最终导致交易流产。如今，ARM 依然在半导体界保持中立状态，继续为其他芯片设计公司提供 IP（Intellectual Property）授权。

ARM 指令集架构具有体积小、功耗低、成本低、性能高等特点，部分常用的 ARM 指令如表 2-2 所示。

表 2-2　常用的 ARM 指令示例

指令	含义	指令示例
MOV	数据传送指令	MOV R1,R0；表示将寄存器 R0 的值传送到 R1
CMP	比较指令	CMP R1,R0；表示比较寄存器 R0 和 R1 的值，返回结果
ADD	加法指令	ADD R0,R1,R2；表示将 R1 和 R2 的值相加,结果放到寄存器 R0 中
MUL	32 位乘法指令	MUL R0,R1,R2；表示 R0=R1×R2
LDR	字数据加载指令	LDR R0，[R1]；表示将存储器地址为 R1 的字数据读入寄存器 R0
SWI	软件中断指令	用于产生软件中断，以便用户程序能调用操作系统的系统例程
BKPT	断电中断指令	用于产生软件断点中断，可用于程序的调试

ARM 的芯片产品应用领域非常广泛，Cortex 系列处理器及 Mali GPU 主要用于消费电子产品、工业控制系统、汽车电子等领域；Neoverse 系列芯片主要用于云计算、边缘计算等领域；Ethos NPU 则以其出色的效能表现被广泛应用于机器学习领域；ARM 的系统 IP，包括 AMBA 总线、Corelink 互连技术，在业界使用广泛。ARM 凭借其在芯片界强大的商业版图，而有了与 x86 阵营分庭抗礼的底气。

ARM Cortex 系列处理器的特点及应用如图 2-5 所示。其中，A（Application Processors）系列的主打特性是高性能，其设计特点为高时钟频率、深流水线、支持 NEON 指令集扩展，可以提高芯片在多媒体任务方面的表现，主要应用

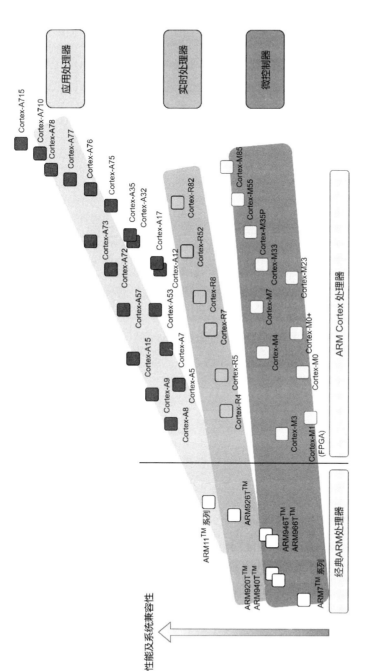

图 2-5 ARM Cortex 系列处理器的特点及应用路线图

于智能手机、平板电脑、可穿戴设备、智能家居家电、高性能计算等领域。R（Real-time Processors）系列的主打特性是响应快，设计特点为高时钟频率、流水线较深、中断延迟低等，主要应用于汽车电子、工业微控制器、硬盘控制器等领域。M（Microcontroller Processors）系列的主打特性是低功耗、流水线较浅，主要应用于微控制器、嵌入式系统、IoT 等领域。

在后智能手机时代，ARM 迅速发展，并在十多年的时间里建立了良好的生态，就连微软这个英特尔的"老搭档"，也在 2011 年宣布开始支持 ARM 架构。截至 2022 年，ARM 的合作伙伴已超过 1000 家，95% 的智能手机中使用了基于 ARM 核心的处理器，处理器累计出货量超过 2250 亿颗。要知道，在 2000 年左右，如果有人说 ARM 架构处理器的性能可以和 x86 相媲美，甚至超越 x86，那无异于天方夜谭。然而随着科技日新月异的发展，ARM 乘着移动互联网这艘大船，逐步发展为指令集架构领域一股新的力量！

2.4　拥抱未来的 RISC-V

2021 年 6 月 21 日，艳阳高照，我也起得特别早，因为首届 RISC-V 中国峰会在上海科技大学举行。这是国内迄今为止规模最大的以 RISC-V 为主题的峰会，也是 RISC-V 第一次在北美以外地区举办如此大规模的峰会。此次峰会汇集了产业界和学术界最新的技术产品和科研成果，会议主题涵盖 RISC-V 的新产品发布、技术路线介绍、面向 RISC-V 的软件支持、RISC-V 在各类业务领域的应用生态、芯片行业的格局及趋势等。倪光南院士在会上发言称"谁拥抱了开源，谁就拥抱了未来"，这句话带给我最大的感受是：RISC-V 这点星星之火，已有燎原之势！

2010 年，加州大学伯克利分校的 Krste Asanovic 教授科研团队在设计一款新的 CPU 时遇到了难题，x86 指令集被控制在英特尔和 AMD 手中，且烦琐笨重，而 ARM 的授权费昂贵，其他的指令集也存在知识产权问题，因此急需一个高度灵活和可扩展的基础指令集架构来开展研究工作。在此背景下，该团队毅然决然地抛弃了已有的指令集，决定重新开发一个简洁、灵活且开源的指令集架构。三个月之后，第一版指令集发布，命名为 RISC-V（读作 "risk-five"）。V 是罗马数字，代表第五代处理器芯片，因为在此之前，同校的 David Patterson 教授已经研制了四代处理器芯片。与此同时，V 还有变化（Variation）和向量（Vectors）的含义。

2015 年，RISC-V 国际基金会正式成立。这是一个非营利组织，负责为核心芯片架构制定标准和建立生态，支持免费和开放的 RISC 指令集体系结构和扩展。截至 2022 年年底，RISC-V 国际基金会的会员数超过 3000 家，覆盖 70 多个国家和地区，国内多家著名企业如华为、中兴、阿里巴巴、紫光国芯等都是 RISC-V 国际基金会的高级会员。从 2018 年开始，美国开始对中国发起科技战和贸易战，为了保持开源和中立的初心，建立良好的生态环境，RISC-V 国际基金会总部于 2020 年 3 月由美国迁往瑞士。

RISC-V 指令集包含两部分，一部分是基本整数指令子集，另一部分是扩展指令子集。在任何一款芯片中，都必须包含基本整数指令子集，扩展指令子集则是按需选择的。表 2-3 列出了常用的基本整数指令子集和扩展指令子集及其含义，详细内容可以参考 RISC-V 官网中的 RISC-V ISA 手册。

表 2-3　常见的 RISC-V 指令子集

指令子集	名称缩写	含义（基于 RISC-V ISA 2.1 版本）
RV32I	I	RV32I 包含 40 条单独的指令，指令长度为固定的 32 位，支持 32 位整数寄存器
RV64I	I	相比于 RV32I，RV64I 扩展了整数寄存器，并支持 64 位的用户地址空间
RV128I	I	基于 RV32I 和 RV64I 扩展而来，整数寄存器扩展至 12 位，支持 12 位地址空间
RV32E	E	基于 RV32I 为嵌入式系统而设计的简化版本，主要变动在于将整数寄存器的数目减少到 16 个，去掉了 RV32I 中强制必需的计数器
Integer Multiplication and Division	M	也叫快速系统调用指令，目的是提高操作系统调用的性能
Atomics	A	标准原子性指令扩展，包含对存储器执行原子性读、写、修改的指令，以支持运行在同一个存储器空间中的多个 RISC-V 线程之间的同步操作
Single-Precision Floating-Point	F	单精度浮点计算指令
Double-Precision Floating-Point	D	双精度浮点计算指令
Decimal Floating-Point	L	十进制浮点指令
Vector Extensions	V	向量扩展
16-bit Compressed Instructions	C	16 位压缩指令

基于 RISC-V 指令集架构设计的处理器广泛应用在数据中心、云计算、高性能计算领域，阿里巴巴和亚马逊都在自主设计基于 RISC-V 核心的芯片；在自动驾驶、边缘计算、人工智能方面，也有 RISC-V 的身影。在 5G 通信基站、物联网等方面，RISC-V 也崭露头角。可以说，RISC-V 基本覆盖了科技前沿领域的芯片应用。近几年，以 RISC-V 架构为核心的 CPU 出货量在以相当可观的速度逐年增加，截至 2021 年 12 月，全球范围内的出货量累计超过 20 亿颗。这是 RISC-V 在其诞生第 11 年后创下的成绩，远超 x86、ARM 架构出现

后的同期数据。根据市场研究机构 Semico Research 的预测，到 2025 年，将有 624 亿颗以 RISC-V 架构为核心的 CPU 投入市场使用，从 2018 年到 2025 年的年均复合增长率高达 146.2%！尽管与 x86 及 ARM 还有相当大的差距，但高速增长的出货量预示着 RISC-V 拥有非常大的潜力。

对 RISC-V 学习者和开发者来说，业界有很多开源的 RISC-V 核心设计可供学习及参考。例如，香山开源高性能处理器核使用敏捷设计语言 Chisel 进行设计，架构代号以湖命名。第一版架构代号是"雁栖湖"，设计代码于 2021 年 4 月完成，同年 7 月基于 28 纳米工艺流片，主频率为 1.3GHz。2022 年 3 月，代号为"南湖"的第二版架构设计代码已经冻结，目标流片工艺节点为 14 纳米，主频率为 2GHz。香山处理器的设计、验证、基础工具代码均开源，是非常珍贵的学习资源。

从 RISC-V 的现状来看，加州大学伯克利分校研发 RISC-V 的初心和目标已经实现了。从发展的角度看，开源和开放标准对技术的良性发展是非常重要的。比如从 20 世纪 80 年代末到 20 世纪 90 年代，Tim Berners-Lee 领导了一场革命，将我们在互联网上使用的协议（URL、HTML、HTTP、W3C）标准化，这无疑是现代历史上技术的最大进步之一。相信在未来的半导体版图中，RISC-V 将是一个不可或缺的重要组成部分。

2.5 决斗吧！指令集

2022 年 2 月，半导体界有两件大事发生。一件是英特尔宣布加入 RISC-V 国际基金会，成为高级会员，并投入 10 亿美元基金建立代工创新生态系统，此举可谓"x86 巨头向 RISC-V 示好"。另一件是因多国监管机构反对，英伟达 660 亿美元收购 ARM 的"半导体世纪大交易"宣布以失败告终。与此同时，ARM 近年来的营收并不理想，意味着未来 5 年将不得不面对 RISC-V 带来的冲击。以目前的格局来看，三种指令集架构的 CPU 核心各自有比较明显的应用领域，x86 主要用于个人电脑、工作站、服务器等领域；ARM 主要用在智能手机，平板电脑、AIoT 等产品中；RISC-V 在 AIoT、微处理器等领域应用较多。如今的格局是由指令集发展的历史、建立的生态及其自身的特点共同决定的。随着半导体行业的发展，三种指令集的领域交集及冲突将进一步扩大。每种指令集都有其自身的优势和劣势，表 2-4 对三者进行了对比。

表 2-4　三种指令集的对比

	x86	ARM	RISC-V
指令数目	多	少	少
通用寄存器数目	较少	多	多
可访存指令	无限制	Load/Store 指令	Load/Store 指令
指令流水线	通过一定方式实现	易于实现	易于实现
指令长度	不固定	固定（ARM 模式 32 位，thumb 模式 16 位）	固定（允许 16 位、32 位、64 位混合使用）
寻址模式	较多	较少	少
设计复杂度	高	较低	低
灵活性	一般	一般	高
授权限制	高	高	低
生态	完善且成熟	完善且成熟	起步阶段

从指令数目上看，x86 的数目远超 ARM 和 RISC-V，尽管 x86 拥有超过 3600 条指令的极其庞大的指令集体系，但其也遵循着"二八原则"，即 20% 常用的指令可以完成 80% 的工作。RISC 指令集就是基于此诞生的，设计者希望抛弃 x86 沉重的历史包袱，减少指令集数量，从而简化硬件逻辑的设计，

减少晶体管的数量并降低功耗。事实上，指令集在发展的过程中也在不断地相互借鉴，x86 架构的 CPU 设计者会在指令集的使用上花心思，在不牺牲性能的前提下，降低设计复杂度和功耗。ARM 和 RISC-V 的 CPU 设计者会适当使用扩展指令集来提高性能。事实上，x86 指令集中的微码概念也是 CISC 向 RISC 借鉴而来的，在 x86 内部增加指令译码器，可以将传统的 CISC 指令拆分为几个短小的微码，即微指令（Micro-instruction），然后加以执行，如图 2-6 所示。

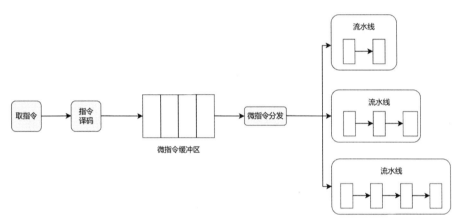

图 2-6　复杂指令的解码及执行过程

RISC-V 指令集的通用寄存器数目多，多数的数据操作是在寄存器中完成的，指令的执行速度更快。只有 Load 和 Store 指令可以访问存储器，批量从内存中读写数据，数据传输效率高。大多数的指令可以在一个机器周期内完成，并且允许处理器在同一时间内执行一系列的指令，易于实现超标量与流水线技术。

从功耗的角度看，因为设计理念和架构的不同，x86 为了追求性能，所以功耗最高，ARM 其次，RISC-V 最低。

从授权的角度看，x86 由英特尔和 AMD 共同持有；ARM 由 ARM 公司持有，授权严格；RISC-V 完全开源，无须付授权费，且不受制于任何一家公司，拥有足够的自由度和灵活性。

从生态的角度看，x86 经过几十年的发展，生态非常完善；ARM 的生态也十分成熟；而 RISC-V 才刚刚起步，尚未建立完整的生态。

未来 5 到 10 年，这三种指令集仍将是业界主流，到底是各自依旧在相应的领域发挥着不可替代的作用，还是某一种指令集会成为称霸的王者，期待时间给出的答案。

2.6　两强相争还是三分天下

对于计算机、手机等消费电子产品而言，最重要的就是生态，可以说，没有生态，就没有用户。历经数十年的发展，计算机端形成了 x86+Windows 的生态体系，智能手机、平板电脑等领域形成了 AAA（ARM+Android/Apple）的生态体系。生态体系包括指令集架构、芯片、操作系统、软件应用、上下游厂商的构建等，整个生态体系的组建过程需要投入大量金钱、耗费大量的时间，且不断试错。生态体系一旦建成，会形成一个非常坚固的壁垒，后来者想要打破这个壁垒几乎是不可能的。即便是"半导体帝国"英特尔，当年也在做手机芯片上撞了南墙，遂而回头。

毫无疑问，x86 和 ARM 已经是指令集架构领域的两位巨头。x86 的商业模式简单直接，由英特尔和 AMD 等芯片设计公司负责设计，交由制造商制造出厂后（英特尔有自己的代工厂），出售给个人或者原始设备制造商（Original Equipment Manufacturer，OEM），如联想、惠普、华硕等。ARM 的商业模式则更有趣一些，ARM 自己并不卖芯片，而是采用授权给其他设计公司的模式，赚取授权费，如图 2-7 所示。

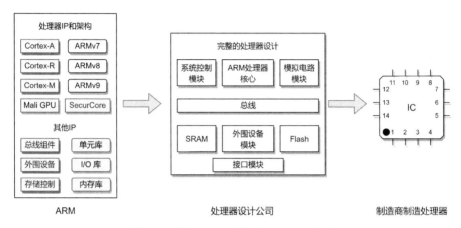

图 2-7　使用 ARM 授权设计处理器芯片

ARM 的授权模式大致可以分为以下三种。

第一种是处理器使用层级的授权，使用这种授权的公司不能对 ARM 的处理器核心做更改，但可以根据需要来选择使用几个核心、工作频率、配置其他外围模块等。这种授权模式适合芯片设计能力较弱的公司，如智能电视制造商，我们可以通过查阅智能电视 CPU 的型号来看其购买的是哪种处理器核心。

第二种是 PoP（Processor Optimized Package）IP 授权，即提供处理器优化包。基于这套优化包，用户可以在特定的功耗下实现预期的性能。这种授权模式相对灵活，可以帮助购买者快速将 ARM 处理器推向市场，适用于芯片的物理设计能力比较弱的公司。

第三种授权是架构授权，ARM 会授权对方使用自己的架构，如 ARMv8 或者 ARMv9，设计公司可以根据自己的需要进行设计。这种授权模式对设计

了不起的芯片

公司的能力要求很高，发挥空间很大，海思、高通、苹果、三星等顶级 ARM 处理器设计公司都是架构授权的持有者。

面对 x86 和 ARM 难以逾越的壁垒，RISC-V 横空出世。可以说，RISC-V 是以"决斗"的姿态诞生的，指令集开源这把"利剑"直接刺中 x86 和 ARM 的要害。除开源的特性外，RISC-V 兼具架构简单、功耗低、可以模块化设计、工具链及编译器发展迅速等特点，为物联网时代催生的众多初创公司提供了良好的土壤，这也让 RISC-V 生态得到了快速的发展。

开源虽然好处众多，但对生态的建立还是有负面效应的。开源，意味着所有的组织和个人都可以基于 RISC-V 指令集进行修改、扩展，并开发自己的芯片产品。这最终会导致 RISC-V 架构或者生态高度碎片化，各领域甚至各家公司之间的生态是割裂的，难以形成一个真正统一的生态体系。而反观 x86 和 ARM，都有绝对的巨头引领和发展行业，生态高度统一。

基于此，在网信办、工信部、中科院等多个部门和机构的支持和指导下，2018 年 11 月 8 日，在浙江乌镇举行的第五届世界互联网大会上，中国开放指令生态（RISC-V）联盟正式宣布成立，由中国工程院院士倪光南担任理事长。联盟将围绕 RISC-V 指令集，以服务人类命运共同体为使命，以促进开源开放生态发展为目标，以重点骨干企业、科研院所为主体，整合各方资源，通过产、学、研、用深度融合，力图推动协同创新攻关，促进 RISC-V 相关技术和产品的应用推广，探索体制机制创新，推进 RISC-V 生态在国内的快速发展，从而使我国尽快摆脱核心芯片设计、知识产权、工艺技术等受制于人的不利局面。

尽管 RISC-V 处理器的出货量和生态建设与 x86 和 ARM 还有相当大的一段差距，但 RISC-V 的发展速度却比同期的 x86 和 ARM 更快。如果把强大的

x86 比作魏国，把雄踞一方的 ARM 比作吴国，那么经过未来 5—10 年的发展，RISC-V 或许可以成为蜀国，在指令集架构领域拥有一席之地。

关于 RISC-V，还有一点要指出的是，指令集开源并不意味着基于指令集设计的核心技术开源，很多芯片设计公司也通过出售基于 RISC-V 的处理器 IP 实现盈利。

除了上述三个主流的指令集，我国自主研发的指令集——LoongArch 也在积极推进生态建设。目前龙芯掌握了基础编译器、虚拟机、二进制翻译系统等生态建设的关键技术，并将继续保持开放的理念，与合作伙伴一起共建自主生态。

2.7　本章小结

本章着重介绍了指令集这一抽象的概念，包括业内主流指令集的特点及其对比。每种指令集都有着不同的商业模式，x86 为 AMD 和英特尔共同持有，ARM 则是通过授权模式来运作。如果未经过 ARM 授权而强行使用 ARM 指令及架构，那么可能会遭到 ARM 的诉讼，即使是代工厂在制造 ARM 架构的芯片时，也要得到 ARM 的授权。RISC-V 则是开源指令集。

历史上出现过很多的指令集架构，但绝大多数最终没能获得良好的发展，其中一个最重要的原因是没有构建起成熟的生态，形成良性发展的循环。指令集是在不断进步和发展的，各种指令集之间也在相互借鉴、取长补短，广大设计者始终在为研发更高性能的处理器而孜孜不倦！

第二篇

一颗芯片的诞生

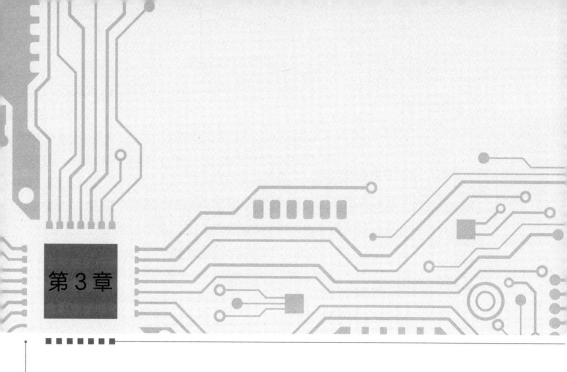

第 3 章

高深且艺术——芯片设计面面观

芯片设计是一项超级工程，对芯片设计工程师有很高的要求，比如熟练掌握编程、精通电路、了解计算机体系结构……但当我们从不同的角度去审视这项工作时，会发现其中的乐趣颇多。当芯片与设计相遇，平淡的背景叙事就此结束，而真正的故事即将开始。

3.1 芯片设计流程

芯片设计行业经过几十年的发展，已经形成了比较完善的研发流程。芯片设计作为整个产业链中最重要的环节，是连接市场需求和芯片制造的重要桥梁，也是体现芯片创新、知识产权与专利的重要部分。芯片设计工程师依靠专业知识，使用各种工具，在芯片设计流程的指引下向前迈进，最终完成一款芯片的设计。

芯片设计的本质是创新，唯创新者进，唯创新者强，唯创新者胜，这也是芯片设计工程师成为庞大的产业链中最吸引人的职位的原因之一。尽管现代芯片的设计流程较为固定，但这并不会成为创新的阻碍，反而是加速芯片设计、保证设计质量、发挥分工协作优势的重要保障。可以说，熟知芯片设计流程是每个工程师进入这个行业的第一课。

如图 3-1 所示，芯片设计主要分为六个环节：市场调研、架构定义、前端设计及验证、可测性设计、后端设计，最终交付制造厂制造。其中，SoC（System on Chip）设计会贯穿在从架构定义到后端设计的各个环节中。

图 3-1　芯片设计的六个环节

上述每个环节又可以细分为多个步骤，所有的步骤共同组成了完整的芯片设计流程，如图 3-2 所示。芯片的设计流程非常复杂，而且其中很多步骤需要不断地重复迭代，最终才能完成一个符合要求的产品。

接下来我们进入芯片设计流程之旅。

3.1.1　市场调研

芯片行业的特点是投资高、周期长，在立项之前一定要做好充分的调研，保证芯片满足市场的需求，否则即使芯片成功流片，也不一定能打入产业供应链，获取预期的利润。纵观业内的半导体公司，可以分为以下几种。

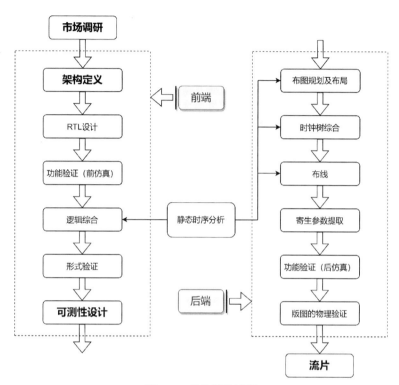

图 3-2 芯片设计流程

第一种是通用化芯片的设计公司。这类公司有几个特点：一是技术实力强劲，其芯片能够引领业界发展趋势；二是业务稳定，芯片配套的软件解决方案非常成熟；三是技术壁垒高。这类芯片的代表公司有英特尔、AMD、英伟达、高通等，它们在做市场分析时，更加关注芯片还能解决市场中存在的哪些问题，能为业界带来哪些革新。这就要求市场调研人员具有前瞻性、敏锐的洞察力和决策力。这些公司互为竞争对手，要对彼此的发展路线有所了解，发挥优势，弥补劣势，知彼知己，否则会逐渐丢掉市场。这类公司的研发投入高、市场需求量相对稳定，通常依靠大规模走量来拉低边际成本，进而提高边际收益。

了不起的芯片

第二种是半定制模式，与通用化模式公司直接提供芯片产品不同，为了满足系统厂商的自研需求，需要向其提供从架构到设计服务的半定制化芯片方案。这样一方面在一定程度上满足了系统厂商在设计方面的自主化需求，另一方面也可以帮助系统厂商快速开发出满足市场需求的新产品。例如，AMD为索尼半定制 PS4 的芯片、三星为思科半定制网络交换机芯片，联发科、Marvell、博通等企业也都有类似的业务。

第三种是全定制模式。这种模式可以满足大型产品终端工厂对芯片的需求，进而与有能力的芯片设计公司合作，开发全新的专有功能芯片。这种模式要求设计公司有一定的出货量，调研人员要充分评估投资回报率（Return on Investment，ROI），确保盈利能够达到预期，否则合作得不偿失。事实上，大多数小公司的产品会从全定制模式逐渐走向通用模式。

芯片调研人员要把握市场趋势，了解市场的格局及细分方向，了解特定领域的产业规模，把握相关竞品的优势和价格，把握相关政策和宏观经济因素对产业的影响，对消费端有深刻的认知，把控风险，给出形成差异化竞争力的建议等。

芯片调研不仅是芯片设计公司要做的工作，风险投资（Venture Capital，VC）公司在投资之前也要做充分的调研，从而降低不确定性和风险。

在开始设计芯片之前还要充分地评估成本，这既决定了项目能否顺利进行，也决定了这款芯片能否为公司带来利润。芯片的成本是非常高的，包括工程师的薪资，以及购买 EDA、IP 核的成本和流片的费用等。常见的 CPU或者显卡价格动辄几千元，但多数小规模的芯片价格只有几元甚至几角一颗，因此如果没有大规模的出货量，很难覆盖芯片的成本。

一旦决定开始做芯片，便少有回头路，项目终止或者流产对多方利益的伤害都是巨大的，所以芯片的市场调研及设计的可行性分析是不可或缺的步骤。

3.1.2 架构定义

2.1 节介绍了指令集，架构是指令集在硬件电路层面的实现，相当于把抽象层次的概念映射到了真实的物理世界之中。使用同一套指令集设计出来的架构可以千变万化，不同的架构在功能和性能等方面不尽相同。

芯片的架构属于高层次的设计，它决定了芯片有多少个核心、有哪些外设接口、需要哪些 IP、具备哪些功能。而针对每个部分又要进行微架构的设计，比如核心中要有多少个整数执行单元、有多少个浮点计算单元、如何进行取指令、怎么设计分支预测和流水线以提高性能等。架构设计直接决定了芯片的性能及成败，新的架构设计主要是为了实现新的功能或者提高性能。架构师必须对系统结构及各个模块的特性有充分的了解，才能准确地进行芯片功能的可行性分析，确保新功能在技术上具备可实现性，否则就要重新规划架构。此外，架构师还要负责确定芯片采用的工艺节点，评估工艺的成熟度，了解工艺的特点，如性能、功耗、面积、寿命、可实现的频率、可支持的金属层数等。

芯片架构设计和建筑设计类似，不同的是建筑设计师要从力学、工程学等方面考虑问题，而芯片架构设计师是从电子学、逻辑学、系统学等角度考虑问题的。图 3-3 是英特尔 80286 处理器的架构图，其中包括四个单元，分别是地址单元（Address Unit，AU）、执行单元（Execution Unit，EU）、总线单元（Bus Unit，BU）和指令单元（Instruction Unit，IU）。每一部分中的每个矩形代表不同的模块或者 IP，架构师需要定义这个模块或者 IP 的微架构，同时撰写芯片的规格书（Specification），最后由前端设计工程师用硬件描述语言进行硬件实现。

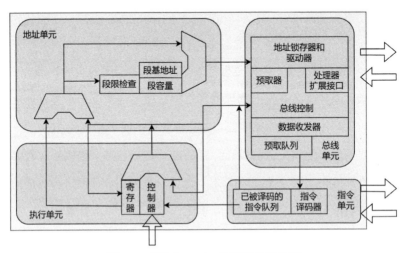

图 3-3　英特尔 80286 处理器的架构图

3.1.3　前端设计及验证

前端设计及验证的目标是实现芯片架构所定义的功能，主要的工作是根据芯片的架构和规格书，用硬件描述语言对具体要实现的功能进行设计及验证。前端设计及验证主要分为五个步骤：RTL 设计、功能验证（前仿真）、逻辑综合、静态时序分析、形式验证，如图 3-4 所示。

图 3-4　前端设计及验证的步骤

1. RTL 设计

RTL（Register Transfer Level）设计由前端设计工程师负责，假设目标是实现一个双路选择器，如图 3-5 所示，那么可以用以下代码实现。

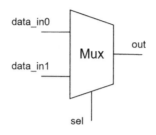

图 3-5　双路选择器

```
Module Mux (
data_in0,
data_in1,
sel,
out
);

input data_in0, data_in1, sel;
output wire out;

assign out = (sel)? data_in1 : data_in0;

endmodule
```

芯片设计多采用自顶向下（Top-down）的设计理念，即把大型复杂的设计分解为许多简单的小模块，再通过层层实例化的方式组成一个实现具体功能的 IP，最终由 SoC 集成工程师把各个 IP 集成到一起，完成 SoC 芯片的设计。

前端设计工程师在完成 RTL 设计之后，要使用 EDA 工具对 RTL 进行编译，解决简单的语法问题，编写简单的测试用例，对最基本的功能进行验证。接下来还要用 Spyglass、Questa 等 EDA 工具进行设计规则检查、跨时钟域（Clock-Domain Crossing，CDC）检查等。各项检查通过后，将 RTL 文件移交给验证工程师。

2. 功能验证（前仿真）

功能验证的流程如图 3-6 所示，验证工程师收到芯片规格书后即可开始搭建验证环境，业界主流的搭建验证环境的工具包括 System Verilog、UVM 验证平台等。测试环境搭建结束后可以编写测试用例，并对测试用例进行编译，确保测试用例的正确性。RTL 文件确定后就可以在测试板（Test Bench）中例化 RTL 设计文件，为设计模块施加激励进行仿真，最后生成验证报告供验证工程师进行分析。

图 3-6 功能验证的流程

验证中有一个重要的概念——覆盖率，它是判断验证充分性的一种手段，已成为验证工作的主导内容。覆盖率又可以分为代码覆盖率、功能覆盖率和断言覆盖率。

- 代码覆盖率是衡量验证进展最简单直接的指标，比如，其中的行覆盖率用来衡量设计文件中有多少行代码被执行过。我们还可以从其他角度衡量代码覆盖率，比如，状态机中有多少状态到达过、条件分支语句中有多少分支被执行过、多少比特的寄存器发生过跳变等。
- 功能覆盖率用于检查电路设计之初的功能完备率。
- 断言覆盖率是指设计中发生异常行为的概率。

百分之百的代码覆盖率并不意味着百分之百的功能覆盖率，所以我们要从不同的角度进行验证，从而保证设计质量。在验证完成时，要对代码覆盖率的充分性进行签核（Sign-Off），对于覆盖率未达标的情况，要给出合理的解释，保证不影响芯片的功能。

3. 逻辑综合

验证完成后，下一步要做的是逻辑综合。逻辑综合就是把设计实现的 RTL 代码翻译成门级网表（Netlist）的过程。在做逻辑综合时要设定约束条件，如电路面积、时序要求等目标参数。

4. 静态时序分析

静态时序分析（Static Timing Analysis，STA），是指套用特定的时序模型，针对特定的电路，分析其是否违反设计者给定的时序限制。芯片只有在正确的时序下工作，才能保证其功能的正确性。

5. 形式验证

也可以称作一致性验证或者等价性验证，主要目的是保证逻辑综合前的 RTL 与逻辑综合后的网表在功能上一致，即保证在综合阶段没有引入影响功能的问题。

至此，实现芯片架构功能的工作已经完成，前端设计工程师会把网表文件交给可测性设计工程师进行下一步的工作。

3.1.4 可测性设计

可测性设计（Design for Test，DFT）区别于功能设计，它不是为芯片的功能服务的，而是为流片后的测试服务的。

随着芯片工艺的进步、规模的提高、引脚封装的密度越来越大，测试也变得越来越困难。据业内相关机构统计，随着电路集成度的提高，测试费用也变得越来越昂贵，甚至可以占到制造成本的40%左右。测试已经成为芯片产业链中不可忽视的一个环节。在超大规模芯片中，大量的故障变得不可测，因此，由测试人员根据制造好的芯片来制订测试方案的传统做法已经无法适应现代的芯片测试。在芯片设计阶段就要考虑测试需求，确保电路中所有的逻辑可测，没有测试盲点，这也符合现代芯片设计中"左移"（Shift Left）的思想——对于靠后环节中可能出现的问题，在前面的环节做到尽早规避，从而节省时间和研发资源。

可测性设计的目标有以下几点。

- 尽可能多地检测电路中存在的缺陷，提高故障覆盖率。
- 减少电路中的冗余逻辑，因为冗余逻辑会提高测试的复杂程度。
- 提升电路的可控性和可观测性。
- 使测试更加自动化，节约测试时间，降低测试成本。
- 不影响电路的功能，并将额外增加的电路对芯片面积和性能的影响降到最低。

可测性设计已经被越来越多的公司重视，成为芯片设计中不可或缺的重要环节，更多关于可测性设计的内容详见 8.2.3 节。可测性设计完成后，芯片的前端设计工作结束，可测性工程师会将网表交给后端设计工程师。

3.1.5 后端设计

后端设计是从输入网表到输出 GDSII 文件的过程，由于不同公司的岗位职责划分略有不同，部分公司的逻辑综合由后端人员来做，那么这时后端设计就是从 RTL 设计完成到输出 GDSII 文件的过程。后端设计工程师收到网表之后，还要准备相应的时序约束文件、面积约束文件、物理库文件、时序库文件、输入/输出（I/O）单元文件等。

后端设计工程师的主要工作内容依次包括布图规划及布局、时钟树综合、布线、寄生参数提取、后仿真，以及版图的物理验证。

1. 布图规划及布局

一切输入文件准备就绪之后，我们首先要做的是布图规划（Floor Plan）。布图规划是后端设计中最重要的一步，布图的合理与否直接影响着芯片的性能、面积、功耗，甚至良率。好的布图规划比较依赖于工程师的经验和 EDA，原因在于整个布图规划过程中有很多细节需要考量。布图规划主要包括以下几个方面的内容。

（1）确立最优的面积

对芯片来说，在多数场景下一定是芯片的面积越小越好，但是如果一味地减小面积，则会导致在布线时空间拥堵，进而需要重新做布图规划，使设计周期变长。好的布图规划应该是在保证布线通畅的情况下，尽量减小面积，实现最佳平衡。

（2）保证时序收敛

在时序电路中，时钟从一个寄存器到另一个寄存器路径的长短会影响时钟的传输，进而影响性能。因此，在布图规划阶段就要考虑时序收敛的问题，这也是设计"左移"思想的应用之一。

（3）电源规划及设计

电源规划是指为整个芯片设计均匀的、供电充分、满足长时间工作可靠性的供电网络，这是芯片稳定运行的必要条件。

（4）方便布线

芯片内部各个器件和模块之间要进行互连，所以在布图时要为后续布线留好空间。布线要尽量缩短走线长度，减小芯片内部器件间互连的延迟，从而提高芯片的性能。

布局（Place）的主要任务是放置标准单元，主要通过 EDA、后端工程师开发的脚本工具，并结合经验完成。好的布局应该能够有效降低后续布线的拥塞程度、满足芯片的时序要求、形成良好的供电网络等。

2. 时钟树综合

布图规划和布局结束之后要进行时钟树综合（Clock Tree Synthesis，CTS），时钟树综合的重要性和布图规划不分上下。芯片中的时钟网络要驱动电路中所有的时序单元，而时钟到各个时序逻辑的路径长度不尽相同，因此时钟的延迟也不同，如图 3-7 所示。

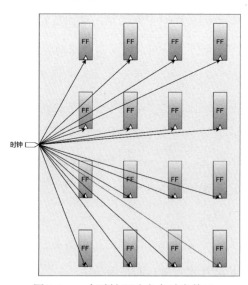

图 3-7　一个时钟驱动多个时序单元

时钟树综合最重要的目标是减小时钟延迟，有效利用时钟偏移或者将时钟偏移控制在一定的范围内。减小时钟延迟有利于提高性能，并减小在时钟树上的能耗。最主要的手段是选择具有相同上升及下降时间的缓冲器（Buffer）或者反相器（Inverter）作为时钟的驱动单元，以便更好地控制时钟树上的时钟延迟和时钟偏移。时钟树综合后的电路如图 3-8 所示。

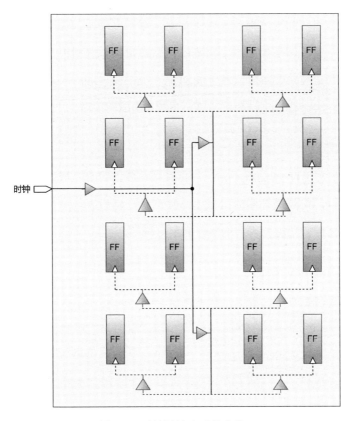

图 3-8　时钟树综合后的电路

3. 布线

布线是指在满足工艺规则和布线层数限制、线宽、线间距限制，以及各线网可靠绝缘的电性能约束的条件下，将分布在芯片内部的模块、标准单元和输入/输出单元按逻辑关系进行互连。

4. 寄生参数提取

寄生参数提取（Parasitic Extraction，PEX）是对芯片内部连线及连线中的各种寄生效应（如寄生电容、寄生电阻、寄生电感）的提取和计算。寄生参数提取的主要目的是建立一个精确的电路模拟模型来模拟真实的电路行为，并根据提取到的寄生参数信息生成 SDF（Standard Delay Format）文件反标电路网络，再次对芯片进行分析验证，以保证功能正确性。

5. 后仿真

与前端对 RTL 的仿真不同，后仿真是在版图设计完成后，提取芯片内部的寄生参数，得到最准确的门延迟和互连线延时后进行的仿真，包括逻辑仿真、时序分析、功耗分析、电路可靠性分析等。

6. 版图的物理验证

版图的物理验证包括设计规则检查（Design Rule Check，DRC）、电气规则检查（Electrical Rule Checking，ERC）、版图与门级电路原理图对照验证（Layout Versus Schematics，LVS）。DRC 的主要目的是检查并发现版图中所有因违反设计规则而引起的潜在短路、断路或不良效应的物理过程，这是保证芯片良率的重要一步。ERC 用于检查版图的电性能是否良好。LVS 是把设计得到的版图与门级网表进行比较，并检查各器件的数目、类型、尺寸和连接关系是否一致。

以上就是后端设计工程师的主要工作内容，在实际项目的执行过程中，

可能还有很多细枝末节的事务需要处理或完善,所以后端设计工程师的任务
并不轻松。

3.1.6　SoC 设计

随着科技的发展,为了应对更丰富及更具挑战性的应用场景,很多芯片
逐渐走向 SoC 化。从常见的手机、电脑 SoC 芯片到自动驾驶 SoC 芯片,再到
Wi-Fi SoC,可以看到 SoC 芯片被应用到不同的领域中,SoC 设计也成为芯片
设计中的热门岗位之一。

SoC 设计主要是针对芯片顶层的设计,几乎贯穿从前端到后端的所有流
程。这个职位要求 SoC 设计工程师对芯片的架构及功能非常了解。以手机 SoC
芯片为例,SoC 设计工程师的工作包括以下内容。

(1)对芯片所使用的 IP 进行评估、选型及优化。

(2)IP 集成,包括 CPU、GPU、ISP、总线、外设、模拟 IP 等。

(3)完成 SoC 级别的时钟、复位、电源的设计。

(4)进行 SoC 级别的验证、功耗设计及分析、DFT 设计。

(5)裸片 PAD 设计、裸片封装后引脚设计。

(6)配合嵌入式工程师开发 SoC 的软件环境。

以上所有环节的工作结束后,即可生成 GDS(Graphic Data Stream)或者
GDSII 文件,并交付制造厂进行制造。

至此,整个芯片设计的流程结束。对大多数芯片设计公司来说,这个过
程的持续时间在一年左右,甚至更久。此时工程师会有短暂的假期,流片完
成后,部分工程师可能还会参与芯片的测试等工作。流片成功对芯片设计工
程师具有重要的意义,有的工程师甚至紧张到在流片前夜彻夜难眠。

芯片设计流程是每一位相关从业者都要了解的知识，芯片设计工作复杂且烦琐，规范的流程能保证工作条理清晰，尽量减少错误的产生，为每一款芯片的成功面世保驾护航！

3.2　EDA——芯片设计之母

3.1 节中已经多次提到了 EDA，可见 EDA 在芯片行业的重要性。如果说侠客在江湖中是"仗剑走天涯"，那么芯片设计工程师则是"凭 EDA 闯天下"。

EDA 是电子设计自动化（Electronic Design Automation）的缩写，是指利用计算机辅助设计（Computer Aided Design，CAD）软件，完成超大规模芯片的功能设计、验证、可测性设计、后端设计等全流程的设计方式。

集成电路在诞生之初，其规模较小，芯片内部的电路都是手工设计的。随着芯片规模的增大，手工逐渐难以完成设计工作，EDA 就是在这种背景下诞生并且发展成熟的。在 20 世纪 70 年代中期，研发人员开始探索电路设计的自动化，并开发了第一款布局和布线的工具。1980 年，卡沃·米德（Carver Mead）和林恩·康威（Lynn Conway）（如图 3-9 所示）合著了一本著作——《超大规模集成电路系统导论》。这本著作开创性地主张用编程语言来设计芯片，为超大规模集成电路的实现打下了良好的理论基础。

1981 年是 EDA 开始成为一个行业的关键时间节点。20 世纪 70 年代，很多大型的电子公司（如惠普、英特尔）在内部发展 EDA，其中部分开发人员开始从这些公司中分离出来，专注于 EDA 业务。1981 年，美国国防部开始额外资助 VHDL，将其作为一种硬件描述语言。在几年内，涌现了许多专门研究 EDA 的公司，但每个公司的侧重点略有不同。1984 年，第一次 EDA 贸易展在设计自动化会议（Design Automation Conference）上举行。1986 年，另一种流行的高级设计语言——Verilog 作为硬件描述语言首次由 GDA（Gateway Design Automation）公司引入。使用编程语言来设计超大规模集成电路的思想不仅降低了芯片设计工程的复杂度，而且让 EDA 和编程语言实现良好的配合，加快了 EDA 的发展进程。20 世纪 80 年代后期，EDA 产业走向成熟。在这一时期起主导作用的三家公司分别是新思科技（Synopsys）、楷登电子（Cadence）和西门子 EDA[1]。这三家公司发展迅速，在 EDA 领域形成三足鼎立的格局，并一直延续至今。

图 3-9　米德和康威

EDA 因其在半导体界具有无可比拟的重要性而被誉为"芯片之母"，是电子设计的基石产业。拥有百亿美元的 EDA 市场构筑了整个电子产业的根基，可以说"谁掌握了 EDA，谁就拥有了芯片领域的主导权"。

---

[1] 2016 年，Mentor Graphics Corporation 被西门子以 45 亿美元收购，改名为西门子 EDA。

3.2.1 EDA 领域的三足鼎立

纵观全球 EDA 产业的格局，一个最重要的特点就是高度集中。新思科技、楷登电子、西门子 EDA 三家处于绝对的领导者地位。根据 EDA Alliance 和前瞻产业研究院的统计数据，2015 年至 2021 年，这三家企业占据了全球近七成的市场份额，如图 3-10 所示。回顾 EDA 三巨头的成名史，我们会发现即便是 EDA 企业，也难逃半导体行业整合并购的"魔咒"，然而也正是并购成就了 EDA 三巨头。

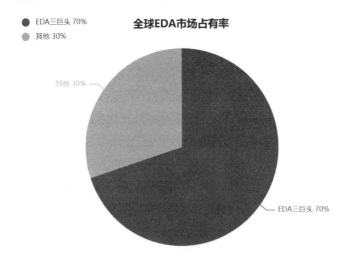

图 3-10　全球 EDA 市场占有率

20 世纪 70 年代末，阿特·德吉亚斯（Aart de Geus）在美国达拉斯市的南卫理公会大学（Southern Methodist University）攻读电气工程方向博士学位，毕业后在通用电气微电子中心从事 CAD 相关的工作。当时他正在参与一款名为"Synthesis"的软件的设计工作，这款软件可以把工程师用计算机语言设计的电路转换为门电路，从而大幅节省开发时间。1986 年，在通用电气的支持下，德吉亚斯带领其他几名工程师成立了 Optimal Solutions 公司，致力于逻辑综合软件的研发。1987 年，公司搬到位于加州的山景城，更名为 Synopsys（新思科技）。1990 年，新思科技意识到硬件描述语言的重要性，收购了 Zycad 公司的仿真业务，并推出了测试综合产品，由此开启了收购之路。据不完全统计，截至 2022 年，新思科技已完成百余起收购，平均每年收购三家公司。可以说，新思要么在收购，要么在收购的路上。

楷登电子是由 SDA 和 ECAD 两家公司于 1988 年合并而成的。SDA 成立于 1983 年，创始团队成员为加州大学伯克利分校的学生和贝尔实验室的研究员。1990 年，楷登电子收购 GDA 公司，将 Verilog 语言引入公开领域，开启收购之路。1994 年，楷登电子收购 Comdisco Systems 和 Redwood Design Automation，普及了业内首批系统级设计技术。1998 年，楷登电子收购 Quickturn，成功立足于仿真硬件和软件市场。1999 年，楷登电子收购 OrCAD，收获 EDA 行业印制电路板（Printed Circuit Board，PCB）设计软件及服务的最大客户群。2010 年，楷登电子收购 Denali Software，将著名的存储 IP 和 VIP 收入囊中。2013 年，楷登电子收购 Tensilica，扩展了在可配置处理器 IP 方面的业务。2020 年，楷登电子先后收购 AWR 和 Integrand Software 公司，加速在 5G、射频和通信领域的布局和创新。据不完全统计，楷登电子收购的公司超过 60 家，平均每年收购 1.5 家公司。

西门子 EDA 的前身 Mentor Graphics 成立于 1981 年，创始团队来自美国俄勒冈州电子制造公司 Tektronix。值得一提的是，2008 年，楷登电子提出以 16 亿美元收购 Mentor Graphics，但该报价并未得到 Mentor Graphics 董事会的同意。同年，新思科技收购了 FPGA 综合和调试领域的领导者 Synplicity 公司，超越楷登电子成为全球最大的 EDA 工具厂商。同样，西门子 EDA 在成为巨头的过程中历经多次并购，据统计，其成立至今收购的公司逾 60 家。

三足鼎立局面的形成，并购是最主要、最直接的原因。目前，三大 EDA 公司都拥有芯片设计全流程的工具及解决方案，这也是在并购过程中逐步补足工具链的结果。此外，在 EDA 发展的几十年时间里，诞生了至少几百家 EDA 公司，但大多数公司在一次次的并购中消失，成为 EDA 历史的背景板。与此同时，三大巨头和各大芯片设计公司紧密合作，随着芯片设计规模的发展和理念的升级，EDA 快速迭代，产品竞争力越来越强，让后来者难以望其项背。

疯狂并购的三巨头还有一个特点，那就是它们的业务不仅局限于 EDA。比如，新思科技还提供 IP（如接口 IP、处理器 IP、模拟 IP）等给第三方公司，楷登电子提供 5G 系统、航天与国防、汽车电子等产业方案，西门子 EDA 提供消费品和零售业的数字化、医疗电子、能源和公用事业行业的数字化等解决方案等。

除以上三家 EDA 领域的巨头外，业界较有影响力的 EDA 公司还有 Ansys、是德科技（Keysight Technologies）、华大九天等。但这些 EDA 公司布局芯片设计全流程工具技术的综合实力不如三巨头，因此在短期内很难打破三足鼎立的格局。

3.2.2　国产 EDA 的突围

相比国外，我国的 EDA 起步并不算晚。20 世纪 80 年代中后期，国产 EDA 工具"熊猫系统"开始进入研发阶段。20 世纪 90 年代初，我国第一款具有自主知识产权的 EDA 工具——"熊猫 ICCAD 系统"上线，并获得 1993 年的国家科学技术进步一等奖。这不仅为国内 ICCAD 产品的开发打下了良好的基础，更重要的是形成了一支研究开发和工程化的技术队伍。1994 年 3 月 31

日，巴黎统筹委员会宣布正式解散，彼时的国内 EDA 产业尚未形成规模，市场几乎处于空白状态。三大 EDA 巨头大举进入中国，并凭借价格低廉、技术成熟等优势迅速收割市场，导致此后的十几年里，国内 EDA 发展缓慢，被国外拉开差距。因此，EDA 逐渐成为国内半导体产业链中最为薄弱的环节之一。

国内 EDA 发展的转折点出现在 2008 年。这一年，国家核心电子器件、高端通用芯片及基础软件产品（核高基）等重大科技项目正式进入实施阶段。在《国家中长期科学和技术发展规划纲要（2006—2020 年）》文件中，核心电子器件、高端通用芯片及基础软件被列为国家 16 个重大专项之一。[3]随后，在国家政策的扶持下，华大九天于 2009 年成立，概伦电子于 2010 年成立。再加之部分国内老牌 EDA 企业，如广立微电子、国微集团等在国家的扶持下重获新生，国内 EDA 企业自此重整旗鼓再出发。

从 2018 年开始，中兴和华为接连受到美国制裁，这也为国内实力薄弱的 EDA 产业敲响了警钟。2022 年 8 月 15 日，美国商务部宣布对设计 GAA 晶体管结构集成电路所必需的 EDA 软件实施出口管制。GAA 晶体管结构主要用于 3 纳米及以下的先进工艺，尽管目前的断供对中国绝大部分芯片公司几乎没有影响，但这也堵住了未来国内高端芯片的设计之路，并且不排除未来美国在"EDA 断供"上继续加码的可能。

居安思危，我国并不是没有准备，2021 年 3 月 12 日发布的《中华人民共和国国民经济和社会发展第十四个五年规划和 2035 年远景目标纲要》中，集成电路位列 7 大科技前沿领域攻关的第 3 位，并且文件中明确指出攻关集成电路设计工具（EDA）。[4]随后，北京、上海、广东、江苏、浙江、安徽、山东等地纷纷出台 EDA 相关的政策，国内 EDA 的发展步入快车道。目前，国内主要的 EDA 企业及产品布局如图 3-11 所示。

了不起的芯片

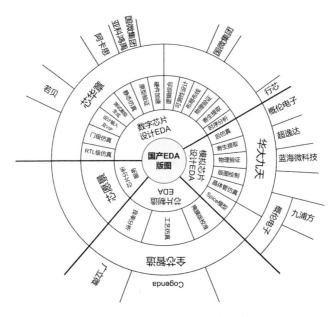

图 3-11　国内 EDA 企业及产品布局

后来者想居上，从来都不容易。国内本土 EDA 想要在三大巨头的围堵下突破重围，势必要打出一套强有力的组合拳。

组合拳招式一就是政策扶持。事实上，我国在这方面已经做得足够好，并且初见成效。表 3-1 是自 2021 年以来我国出台的部分 EDA 相关的政策，可以看出其密集程度和扶持力度都不小。

表 3-1　2021 年以来国内出台的部分 EDA 相关政策

时间	省市/单位	政策	内容
2022 年 6 月	深圳市	《深圳市培育发展半导体与集成电路产业集群行动计划（2022—2025 年）》	落实EDA 工具软件培育工程，集聚一批 EDA 工具开发企业和专业团队，加强 EDA 工具软件核心技术攻关，推动 EDA 工具软件实现全流程国产化。支持 EDA 全流程设计工具系统开发等

续表

时间	省市/单位	政策	内容
2021 年 12 月	上海市	《新时期促进上海市集成电路产业和软件产业高质量发展若干政策》	对于 EDA 重大项目新增投资可放宽到不低于 5000 万元，支持比例为项目新增投资的 30%，支持金额原则上不高于 1 亿元
2021 年 11 月	工信部	《"十四五"软件和信息技术服务业发展规划》	重点突破工业软件，关键基础软件补短板。建立 EDA 开发商、芯片设计企业、代工厂商等上下游企业联合技术攻关机制，突破针对数字、模拟及数模混合电路设计、验证、物理实现、制造测试全流程的关键技术，完善先进工艺工具包
2021 年 8 月	北京市	《北京市"十四五"时期高精尖产业发展规划》	聚力突破 EDA 工具的研发和产业化
2021 年 7 月	上海市	《上海市先进制造业发展"十四五"规划》	打造国家级 EDA 平台
2021 年 7 月	广东省	《广东省制造业数字化转型实施方案（2021—2025 年）》	加强数字电路 EDA 工具软件核心技术攻关，推动模拟或数模混合电路 EDA 工具软件实现设计全覆盖，打造具有自主知识产权的工具软件
2021 年 3 月	国务院	《中华人民共和国工业和信息化部 国家发展改革委 财政部 国家税务总局公告（2021 年第 9 号）》	在中国境内（不包括港、澳、台地区）依法设立，从事集成电路设计、电子设计自动化（EDA）工具开发或知识产权（IP）核设计并具有独立法人资格的企业

组合拳招式二是注重 EDA 相关人才的培养。人才是科技公司的核心，没有人才的支撑，科技发展只能是纸上谈兵。EDA 技术具有智力密集的特点，并且要求理论与实践相结合，国内人才缺口巨大。国内高校应注重相关人才的培养，积极对接企业，促进产教融合，为产业界输送人才。由中国电子学会电子设计自动化专委会主办的"集成电路 EDA 设计精英挑战赛"就是一个产教融合的优秀案例，既加强了高校学生在集成电路 EDA 领域的创新设计与工程实践能力，也为社会培养了具有解决复杂工程问题能力的卓越人才。

了不起的芯片

组合拳招式三是持续增加研发投入。根据华大九天公布的数据，2020 年，国内所有 EDA 企业全年的研发投入加起来都不如新思科技一个月的研发投入。研发投入代表着科技公司的生命力，高研发投入可以保证企业走在业界的最前沿，持续推出具有竞争力的产品，巩固自身的技术壁垒；低研发投入意味着公司会逐渐失去竞争力，最终被行业淘汰。因此，在研发投入方面，国内的 EDA 企业仍然要加大力度。

组合拳招式四是依托国内市场，与设计企业合作建立良好的生态环境，让 EDA 公司发展进入正向循环。国内 EDA 市场巨大，EDA 三巨头也格外重视中国市场。如果能把国产 EDA 充分渗透到国内市场中，那么会对 EDA 发展起到良好的促进作用。这需要政府、高校、相关机构牵头，打通产业链，让整个产业链上下游相互促进、协同发展，EDA 也会不断迭代和完善，最终完成国产替代化。

组合拳招式五是 EDA 公司要制定符合实际情况的发展策略。依托现有的产业格局，业内的共识是 EDA 公司应该先把某一款软件做好，让其在同类竞品中具备竞争力，实现盈利，然后由点及线再到面，逐步补全工具链。

组合拳招式六是以史为鉴。在时机成熟时，效仿国外 EDA 企业通过并购做大做强；或者不同细分方向的公司通过技术整合，实现全流程的解决方案，以服务于客户。

尽管国产 EDA 工具的市场规模依然很小，但市场占有率稳中有升。EDA 的发展周期长、难度大，虽然罗马不是一天建成的，但假以时日，相信国产 EDA 一定会在当前看似牢不可破的格局中撕开一道裂痕！

3.2.3　EDA 的核心

与芯片设计类似，EDA 也是一门交叉学科。随着芯片设计复杂程度的不断提升，EDA 不断融合了微电子学、计算机科学、图形学、算法学、计算数学、拓扑逻辑学及人工智能等学科，成为一门交叉技术领域，以上技术则构成了 EDA 的核心。

EDA 最终是为芯片服务的，所以微电子学涉及的内容，如半导体器件特性、制造工艺、芯片设计流程等都是在 EDA 设计范畴内的基础知识。对于不同种类的 EDA，还需要各种理论的支撑，如对半导体器件进行建模、电路仿真及验证理论、低功耗理论、DFT 实现策略、良率分析等。

EDA 作为软件，其工具当然少不了编程语言。EDA 常用的编程语言包括 C、C++、Python 等。硬件描述语言也是 EDA 的核心工具之一。

算法是 EDA 最核心的技术之一。从芯片前端到后端，都需要通过算法对设计进行优化。比如：要实现同一个设计，如何在逻辑综合阶段采用最少的逻辑门来降低面积和功耗；如何在布局布线阶段做到既节省空间、又美观，同时尽可能缩短互连线长度，从而保证性能等，这些都依靠算法来实现。在 EDA 领域，如果想了解业界前沿的算法及相关技术，可以关注领域内的顶级会议，包括国际计算机辅助设计会议（International Conference on Computer Aided Design，ICCAD）、国际设计自动化会议（Design Automation Conference，DAC）、欧洲设计自动化与测试学术会议（Design Automation and Test in Europe，DATE）等。

可以预见的是，随着芯片规模、设计理论、工艺制程的发展，EDA 将不断地融合新技术，以适应半导体行业的进化趋势。比如：云平台可以加快 EDA

的部署，缩短研发周期，解决中小企业设施不完备等问题；人工智能及深度学习可以用于提高 EDA 的效能等。

3.3 芯片中的上百亿晶体管是如何设计的

2021 年 4 月 21 日，在芯片界的顶级会议 Hot Chips 大会上，Cerebras Systems 公司发布了一款晶圆级引擎芯片——Wafer Scale Engine 2。这款芯片采用台积电 7 纳米工艺制程，拥有 85 万个 AI 核心，包含 2.6 万亿个晶体管，面积为 46225 平方毫米，基于一整张 12 英寸的晶圆制造，这是迄今为止包含晶体管数量最多的芯片。除了这款"巨无霸"，市面上主流的用在智能手机或者个人电脑中的芯片，其晶体管规模都在百亿级。那么数量如天文数字般的晶体管，是如何被设计出来的呢？

一个朋友曾经问我："上百亿个晶体管，总不能用手来画吧？"相信很多非业内人士也会有类似的困惑。其实在集成电路发展早期，内部的晶体管都是通过手画设计的，彼时芯片的规模较小，只有几十个或者几百个晶体管。但随着芯片的发展和演进，其逻辑功能变得越来越复杂且全面，晶体管的数目也呈指数级增长，此时再徒手画电路，显然是不现实的。随后，计算机辅助设计开始应用于芯片领域。在直接促成百亿级规模的芯片设计这一方面，有三种秘密武器必不可少。

秘密武器之一是使用编程语言来设计芯片的思想，来自卡沃·米德和林恩·康威的著作《超大规模集成电路系统导论》。该思想的提出是芯片设计历史上一个非常重要的里程碑。

假设我们要设计一个数据比较器，当输入值 a 和 b 相等时，equal 的返回值为 1；当 a 和 b 不相等时，返回值为 0。使用 Verilog 语言，一行代码即可实现。

```
assign equal = (a==b)? 1 : 0;
```

但如果徒手画晶体管电路，通过分析以上数据比较器的功能可知，逻辑功能和同或门一致，因此可以用异或门后接一个反相器实现该数据比较器的功能。搭建一个异或门最少需要 6 个晶体管，一个反相器需要 2 个晶体管，所以我们用一行代码就完成了 8 个晶体管的设计，这大幅提高了工程师设计芯片的效率！这是数字芯片设计中最简单的一个例子，在实际工作中，工程师可以在比较抽象的层次上描述设计电路的结构和逻辑功能，用简洁明确的源代码描述复杂的逻辑功能，并且支持模块化设计和层次化设计。往往由简单的几十行代码设计出来的电路，即可包含成千上万个晶体管。因此，通过编程可以让设计具有百亿级数量晶体管的芯片成为可能。

秘密武器之二是 EDA。在 RTL 设计完成后，即可采用逻辑综合工具把 RTL 转换成门级网表，也就是与、或、非等逻辑门及其之间的连接关系。将 RTL 转换成门级网表的过程主要有三个步骤：翻译、优化和映射。就像自动化流水线一样，只要把原材料放进去，就可以得到成品。这些纷繁复杂的工作都交给 EDA 来做，可以明显缩短设计的时间，加快将芯片推向市场的速度。

秘密武器之三是重复调用已有的成熟设计模块。在芯片中，很多单元或模块的数目不止用到一次，比如算术逻辑单元，我们只需设计一次，即可重复调用。这好比建筑师在设计住宅楼时，只需设计几种标准户型，并不要求每间房屋的户型都是独一无二的设计。或者从更高层次的角度看，目前的中央处理器都是 8 核、16 核等，这些核心在设计上也几乎是一致的。

尽管芯片设计工程师被认为是硬件工程师，但编程是芯片设计工程师必不可少的技能之一，也正是编程思想赋予了芯片设计无限的可能。

3.4 芯片设计之难

一千多年前，诗人李白创作了豪放洒脱、气势磅礴的《蜀道难》，并发出了"蜀道难，难于上青天"的感慨。从长安到巴蜀之地，要穿越秦岭和大巴山，山高谷深，道路崎岖，极为艰险！我虽没有李白"笔落惊风雨，诗成泣鬼神"般的才华，但想借用李白的诗句来表达芯片设计之难，从某种角度来说，芯片设计是真的"难于上青天"！

难点之一在于设计具有竞争力的高性能芯片。以个人计算机中的CPU为例，其全球市场几乎被AMD和英特尔瓜分。在消费电子领域，高性能就是绝对的竞争力，这在AMD和英特尔几十年的竞争历史上得到了完美的证明。一方的性能如果能全面超越另一方，那么其市场占有率就会发生明显的变化。比如，AMD在2003年推出的基于K8微架构的64位速龙处理器，因其强悍的性能成为高端游戏玩家的主流配置。其市场份额也在逐年攀升，甚至在桌面CPU领域的市占率一度超过英特尔，但随后英特尔凭借酷睿CPU重新夺回市场。

AMD和英特尔之间的竞争如"神仙打架"一般，鲜有第三家公司能挤进这个领域。这是因为AMD和英特尔拥有最优秀的架构师，架构设计思想经过多年的市场验证及迭代，始终走在领域的最前沿。从前端设计的角度看，顶级芯片设计公司在芯片性能（Performance）、功耗（Power）、面积（Area）[1]方

---

[1] 通常将三者统称为PPA。

面都做到了极致，后来者恐怕难以望其项背！

难点之二在于为芯片设计新功能。业内的多数芯片都有着成熟的设计方案，并且新产品都是基于上一代项目的迭代而诞生的，芯片设计过程相对容易。如果为了解决一个新的问题或者适应新的使用场景，从头开始设计一款芯片，那么难度会直线上升。首先要考虑如何设计架构，实现新的功能；其次要考虑如何用硬件描述语言实现架构师的想法，以及如何在有限的硬件资源条件下尽可能提高性能。这些问题都非常考验工程师的技术实力。

难点之三在于验证。事实上，验证工程师承受着非常大的压力，因为面对功能复杂的芯片，保证覆盖率达标是一件非常困难的事情。在流片之后，如果芯片没有成功点亮，验证工程师也会挺身而出，与硅后工程师一起完成芯片的调试工作。在实际的芯片项目中，找到芯片设计中一个相对隐晦的错误并不容易。

难点之四在于可测性设计和测试。在可测性设计中，业界通常要求固定型故障的测试覆盖率要达到 99%或者 99.5%，甚至更高。在超大规模的芯片中，逻辑设计极为复杂，逻辑深度大，很多电路难以被控制和观测，尽管有EDA 工具作为辅助，但要达到目标并不容易。在我初入职场时，公司领导曾给我讲了一个故事：多年之前，一位工程师在芯片测试阶段遇到了一个棘手的问题，耗费一个月的时间仍没有任何进展，在巨大的压力和挫败感下，这位工程师趴在测试机上痛哭，让人颇为唏嘘。

抛开技术不谈，芯片设计需要投入大量资金，流片费用高昂，是一个名副其实的"烧钱"的行业。如果没有资金注入，就好比"巧妇难为无米之炊"，寸步难行。

3.5 CPU 为什么很少损坏

在计算机的一生中，CPU 坏掉的概率极低。在正常使用的情况下，就算其他主要的电脑配件都坏了，CPU 都不会坏。CPU 出现损坏多数是由外界物理原因造成的，还有长期在超频下工作，散热性差，引起电子热迁移，进而导致 CPU 损坏。

如今，我们更换个人计算机的理由基本不是 CPU 损坏，而主要是因为系统软件不断升级、占用内存越来越大，造成系统垃圾越来越多，导致卡顿，让人无法忍受。

CPU 在出厂之前是经过非常严格的测试的，甚至在 CPU 设计之初，就要考虑测试的问题。对于 CPU 为什么很少损坏这个问题，我们可以从硅前、硅后两个阶段，并结合硅的物理性质来解释。

1. 硅前与硅后阶段：CPU 被做成产品之前被检出缺陷

这一个阶段非常重要，及时检测出有问题的芯片，可以避免将其发送给客户并造成不必要的损失。

事实上，如今在芯片设计之初就已经为芯片的制造、测试及良率做考虑了，目的是保证这一步能检测出芯片的缺陷。这主要依靠可测性设计和自动测试设备（Automatic Test Equipment，ATE）测试[1]来保证，也有一些公司会做可调试性设计（Design for Debug，DFD）和可制造性设计（Design for Manufacture，DFM）。

---

[1] 关于 ATE 测试的详细介绍，详见 5.3 节。

DFT 的全称是 Design for Test，是指在芯片的设计阶段插入各种用于提高芯片可测试性（包括可控制性和可观测性）的硬件电路，通过这部分逻辑生成测试向量，使测试大规模芯片变得容易，同时尽量节约时间、节省成本，如图 3-12 所示。

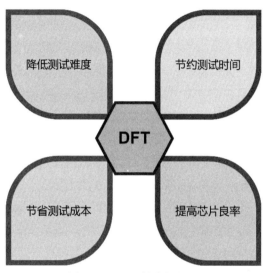

图 3-12　DFT 技术的优点

按照芯片设计的流程划分，DFT 依然属于硅前设计阶段，只不过不影响芯片的功能，单纯为后续芯片测试服务。ATE 测试则位于流片之后，也就是硅后阶段，主要是为了检查制造过程中的缺陷。因此，在芯片被做成成品之前，每一颗芯片都通过了量产测试，才会发给客户。

2. 硅的物理性质：芯片成品在使用过程中坏掉

就单个晶体管来看，它在正常使用过程中并不容易坏掉。这是因为硅的物理性质稳定，禁带宽度高（1.12eV），而且用作芯片的硅是单晶硅，很难发生化学反应。因此，在非外力的因素下，晶体管出现问题的概率几乎为零。

即便如此，芯片在出厂前还要经过一项测试——"老化测试"，是指在高低温炉中分别经过 135、25、−45 摄氏度等不同温度及不同时长的测试，以保证芯片的稳定性和可靠性。

根据浴盆曲线（Bathtub Curve），如图 3-13 所示，芯片的使用寿命分为三个阶段：第一阶段是早期失效期（初期失效），失效率较高，主要由制造、设计等原因造成；第二阶段是偶然失效期（本征失效），失效率非常低，是由器件的本征失效机制造成的；第三个阶段是损耗失效期（击穿失效），失效率变高。在计算机正常使用时，它处在第二阶段，所以 CPU 失效的概率非常低。

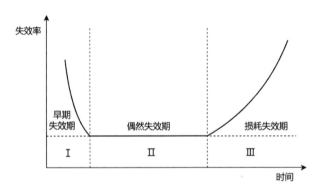

图 3-13　浴盆曲线

但是，架不住 CPU 中有上百亿个晶体管啊！

事实上，即便某个晶体管坏了，在芯片设计中还会通过容错性设计来避免整个 CPU 不可用。容错性设计可以从软件和硬件两个方面来实施。

比如，多核 CPU 可以通过软件屏蔽某个坏的处理器核心，在 ATE 测试后根据不同缺陷对芯片进行分类，并将其用在不同的产品上，毕竟流片的费用非常高。英特尔早期的部分酷睿 i3 处理器就是 i5 或 i7 屏蔽掉几个坏的核心继续用的。当然，也不是所有的 i3 都是 i5、i7 检测出来的坏片。

再比如，存储器中一般存在冗余的信号线和单元，如果检查发现某些单元有问题，那么可以用冗余的模块替换有缺陷的模块，从而保证存储可正常使用。如图 3-14 所示，其中白色部分为冗余（备用）的存储单元，深灰色部分是损坏的存储单元。我们可以通过软件算法把损坏的存储单元的地址映射到一个冗余的存储单元上。

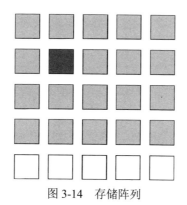

图 3-14　存储阵列

CPU 是工业皇冠上的明珠、所有电子系统的大脑，我们必须保证它的可靠性。CPU 很少损坏看似是一个普通的现象，但背后凝结着工程师大量的心血与汗水。

3.6　计算机如何计算 1+1=2

在计算机中，执行计算的核心部件是 CPU。CPU 中的逻辑计算单元可以完成数据计算。很多其他类型的芯片也包含算术逻辑单元（Arithmetic and Logic Unit，ALU），可以实现数学运算。如果对"计算机如何计算 1+1=2"

了不起的芯片

这个问题抽丝剥茧，那么要从微架构级、逻辑门级、晶体管级、物理级等方面进行分析。

在微架构级层面，用加法器即可完成"1+1=2"的计算过程。加法器分为半加器和全加器，半加器不接受低位的进位信号，全加器接受来自低位的进位信号并参与运算。所以在计算"1+1=2"时，使用半加器即可完成任务。半加器是数字电路，采用二进制运算。

半加器的结构如图 3-15 所示，A 和 B 是输入，S 是 A 和 B 相加的和，C_{out} 是进位。

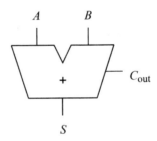

图 3-15　半加器结构示意图

半加器的真值表如图 3-16 所示，查找如下真值表可知，1+1 的和 S 是 0，进位 C_{out} 是 1，所以结果是 10。因为数字电路是二进制的，所以我们要把二进制的 10 转换为十进制，结果为 2。

A	B	C_{out}	S
0	0	0	0
0	1	0	1
1	0	0	1
1	1	1	0

图 3-16　半加器的真值表

接下来把半加器的顶层结构拆解开来，进入逻辑门级，我们看看原理是什么。根据以上的真值表，我们可以得到它的逻辑表达式：

$$S = A \oplus B$$

$$C_{\text{out}} = AB$$

根据逻辑表达式可知，只需要一个异或门和一个与门便可实现半加器的功能，其门级电路如图 3-17 所示。异或的逻辑含义是当 A、B 不同时，输出为 1；当 A、B 相同时，输出为 0。与门的逻辑含义是当 A、B 都为 1 时，输出为 1，否则输出为 0。这个电路的功能与我们的预期一致，当 A、B 的值不同，即一个 0 和一个 1 时，相加为 1，此时不产生进位；当 A 和 B 都为 0 时，S 和 C_{out} 都为 0；当 A 和 B 都为 1 时，即 1+1，S 为 0，C_{out} 为 1，产生进位，得到二进制的 10，即十进制的 2。

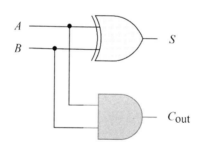

图 3-17 半加器的门级电路

了解门级电路的原理后，我们再向微观的晶体管级进发。用晶体管实现与门比较容易，但实现异或门会稍复杂。我们先根据真值表为逻辑表达式 $S = A \oplus B$ 换一种写法，即 $S = A \oplus B = AB' + A'B$。由此等式，我们可以用两个非门、两个与门和一个或门来构建异或门电路，如图 3-18 所示。

了不起的芯片

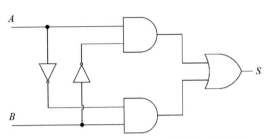

图 3-18　使用与门、非门、或门构建异或门

事实上，实现异或门的方法多种多样（最少使用 6 个晶体管即可实现一个异或门），甚至只用一种与非门即可实现异或门。根据逻辑代数的基本定律，继续对异或的逻辑表达式进行变形：

$$S = A \oplus B = AB' + A'B = A(A' + B') + B(A' + B')$$

再根据德·摩根定律（De Morgan's Law），又称反演律，即 $A' + B' + C' = (A \cdot B \cdot C)'$，将上式变形为

$$A(A' + B') + B(A' + B') = A \cdot (A \cdot B)' + B(A \cdot B)'$$

把 $(A \cdot B)'$ 看作一个整体，再次使用反演律的另一个形式：$(A + B + C)' = A' \cdot B' \cdot C'$，将上式再一次变形为

$$A \cdot (A \cdot B)' + B(A \cdot B)' = ((A(A \cdot B)')')' \cdot (B(A \cdot B)')')'$$

此时的逻辑表达式只有与和非两种逻辑运算，用与非门即可实现。根据以上逻辑等式，可以画出逻辑门电路，如图 3-19 所示。

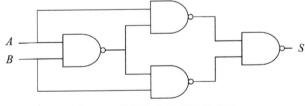

图 3-19　使用与非门搭建异或门

106

由以上逻辑门电路图可知，只需要 4 个与非门即可实现异或门的逻辑功能。接下来，我们可以用 CMOS 晶体管搭建与非门，如图 3-20 所示，从图中可以看出，一个与非门需要两个 PMOS 和两个 NMOS。

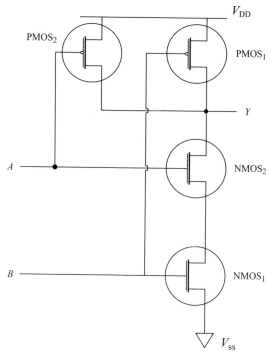

图 3-20　使用 CMOS 晶体管搭建与非门

接下来把 4 个 CMOS 晶体管与非门的输入、输出连接到一起，便得到了晶体管搭建的异或门，如图 3-21 所示。

至此，我们用晶体管实现了半加器中的异或门，即完成了求和的功能。进位功能使用与门实现，有了与非门的晶体管实现方案，在与非门之后再接一个非门，即可得到与门。非门及与门的晶体管结构如图 3-22 所示。

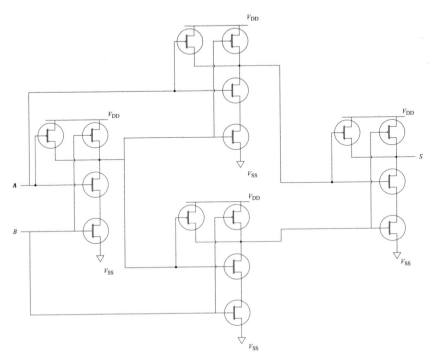

图 3-21　使用 CMOS 晶体管搭建异或门

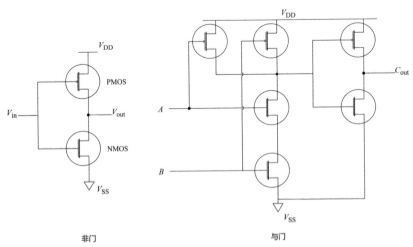

非门　　　　　　　　　　　　　与门

图 3-22　非门（左）、与门（右）的晶体管结构图

最后，把异或门和与门连接起来，便完成了晶体管级半加器的设计，如图 3-23 所示。如果我们手上有晶体管，那么按照此原理图便可制造一个半加器。[1]

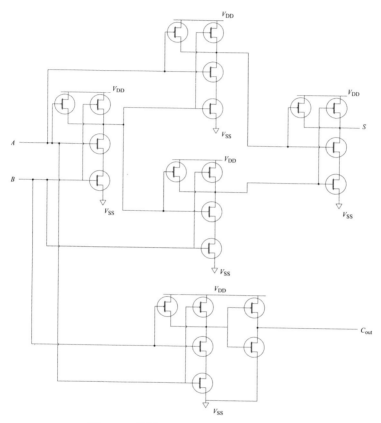

图 3-23　使用 CMOS 晶体管设计半加器

结合第 1 章的内容，读者可以继续从物理效应层面分析该问题，更深刻地理解电路的精妙之处。

---

[1] 此处半加器的晶体管级门电路设计是为了方便读者理解，在实际工程中，考虑到性能及面积等因素，会采用更简洁的设计。

下面估算一下完成一次加法计算所需的时间。业界 CMOS 开关的速度最快可达皮秒（Picosecond）级，即 10^{-12} 秒，再加上连线间的传输延迟，整个计算过程在纳秒级的时间内完成是毫无压力的。

3.7　CPU 是如何识别代码的

在 3.6 节中，我们从硬件的角度介绍了计算机是如何计算 $1+1=2$ 的。本节我们继续延伸，从软硬件结合的角度讨论 CPU 是如何识别代码的。

仍以 $1+1=2$ 为例，在中高级编程语言中，我们只要稍微熟悉语法，就可以简单快速地完成这个计算。以 C 语言为例，代码实现如下：

```
main ( )
{
int num1 = 1;
int num2 = 1;
int sum;
sum = num1 + num2;
printf ("%d" ,sum );
}
```

中高级编程语言的使用对象是人，与低级语言相比，中高级编程语言的语法和人类语言更为接近，所以更容易让人理解。但遗憾的是，CPU 无法理解编程语言，所以需要一个翻译员，把编程语言翻译为 CPU 能理解的语言，即机器语言（Machine Language，也叫机器码），而这个翻译员就是编译器（Compiler），过程如图 3-24 所示。

图 3-24　编译器将编程语言翻译为机器语言

以上计算1+1＝2 的 C 语言程序，在经过编译器的词法分析、语法分析、翻译语法树之后，即可得到机器语言。机器语言之所以称为机器语言，是因为它太"反人类"了。机器语言的本质是由 0 和 1 组成的二进制码，二进制码所代表的含义非常不直观，所以人们对机器语言进行了升级和改进，用一些易于理解和记忆的字母和单词来代替特定的指令，形成了汇编语言（Assembly Language）。汇编语言和机器语言一一对应，相当于机器语言的"助记符"。一般的编译器会先将编程语言转换成汇编语言，再通过汇编器转换成机器语言。

以 ARM 指令集架构处理器为例，计算1+1＝2 的 C 语言程序主体在经过编译器编译之后，得到类似如下的汇编代码：

```
MOV R0, #1;
MOV R1, #1;
ADD R2,R1,R0;
```

尽管汇编语言比中高级语言在可读性上差了一些，但我们依然可以看出这三行汇编代码的含义。第一行是用 MOV 指令把立即数 1 写入寄存器 R0；第二行是把立即数 1 写入寄存器 R1；第三行是把 R0 和 R1 中的值相加，将结果放到 R2 中。我们继续使用汇编器，将汇编代码转换为十六进制机器码，如下：

```
0x0100A0E3
0x0110A0E3
0x002081E0
```

再将十六进制机器码转换成二进制机器码：

```
0000 0001 0000 0000 1010 0000 1110 0011
0000 0001 0001 0000 1010 0000 1110 0011
0000 0000 0010 0000 1000 0001 1110 0000
```

了不起的芯片

机器码可以直接被 CPU 执行，因为 CPU 内部的基本单元就是晶体管组成的电子开关，如图 3-25 所示。

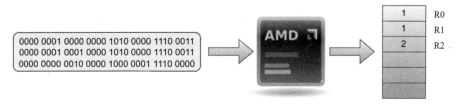

图 3-25　CPU 执行机器码的过程

不同指令集架构的处理器，能够识别的机器语言也不相同。比如，把 x86 CPU 上的机器语言直接放到 ARM 架构的 CPU 上并不一定能运行，必须要翻译成 ARM 能识别的机器语言。在 Java 语言中引入字节码，字节码是编程语言的源代码和机器语言的中间码。Java 程序经过编译后生成以.class 为后缀的字节码文件，字节码文件可以放到不同指令集架构的处理器上，由虚拟机执行 Java 字节码，将字节码翻译成该 CPU 能识别的机器语言，实现一套代码跨平台运行的目的。

在早期出现的计算机中，程序员编程并不使用编程语言，而是使用打孔卡（Punched Card），如图 3-26 所示。打孔卡是指按照一定的规则，将 0、1 组成的机器语言打在卡片或者纸带上，打孔表示 1，不打孔表示 0，再将其放入卡片机或者纸带机中，输入计算机，执行程序。打孔卡有助于人们理解 CPU 是如何执行机器语言的，但它的形式犹如天书，在计算机科学发展的过程中，打孔卡逐渐被高级编程语言淘汰。

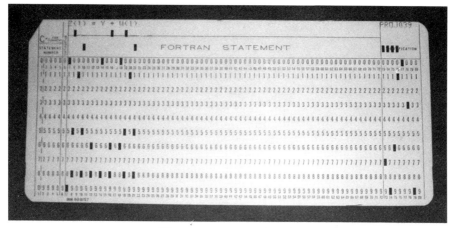

图 3-26　FORTRAN 打孔卡

3.8　异构集成之路

所谓异构集成（Heterogeneous Integration）芯片，是指将不同工艺制程、不同功能、甚至不同指令集架构的裸片封装到一颗芯片内，组成一个计算系统。图 3-27 所示是 AMD 采用异构集成的第二代服务器芯片：左半部分是一块大型单个 SoC 芯片，为了获得更好的良率，被分成四个紧密耦合的芯片，再均匀集成在一个衬底上；右半部分的中间位置是一块较大的 14 纳米 I/O 裸片，两侧各有两组 7 纳米核心。

异构集成需要封装、软件等技术的配合，使芯片性能实现1+1＞2 的效果。除了异构集成，还有一个相似的概念叫作异质集成，是指将不同半导体材料制成的裸片封装到一个芯片中。

图 3-27　AMD 第二代 EPYC 服务器芯片

随着工艺制程逐渐下探到 10 纳米以下，研发新工艺需要克服的困难越来越多，研发成本直线上升，导致摩尔定律在物理、技术、研发成本等方面遇到了层层阻碍，发展放缓。但科学家和工程师不会允许芯片的性能原地踏步，力求通过开辟新的思路来提升芯片的性能和算力。在系统级封装技术的支持下，异构集成芯片应运而生。

异构集成听起来似乎很美好，但还要克服诸多问题。首先，异构把芯片的物理结构从二维带到了三维，因此要解决不同裸片之间的互连以及互连带来的问题。其次，不同功能、不同指令集架构的裸片之间的融合，给软件系统提出了更高的要求，因为一个良好的系统是发挥芯片性能的重要基础。

目前，国际知名的芯片公司，如英特尔、AMD、高通、英伟达等，纷纷在异构芯片方面投入研究，并且取得了一定的成效。比如，英特尔的嵌入式多芯片互连桥（EMIB）技术、英伟达的 NV-link 技术、AMD 将 CPU 和 FPGA 集成到同一块芯片中等。在芯片的工艺制程到达瓶颈之后，异构集成会把业界对摩尔定律的注意力吸引过来一部分，成为各家芯片公司论剑的新战场。

异构集成是综合考虑性能、面积、成本等因素的最优方案，能够让芯片系统空间内的功能密度持续增长，单位面积内的晶体管数目继续增加，从另一个角度延续摩尔定律。依照现有的技术来看，不同裸片之间的互连及信号传输、异构集成的软件系统等技术尚存在瓶颈，业界也没有完全成熟的标准。因此，未来 15 年，异构集成将是业界主攻的技术方向之一。

异构集成需要 SiP 封装的支撑，我国在封测领域走在世界前列，应当充分发挥优势，布局异构集成产业、打造计算新形态、提升异构算力。在信息时代，算力即生产力，异构计算将会为更多的新兴领域赋能，推动产业升级。

3.9 "X"PU 芯片竞技场

在 1956 年的达特茅斯会议上，麦卡锡正式提出人工智能（Artificial Intelligence，AI）的概念。经过半个多世纪的发展，目前人工智能已经应用在机器人、语音识别、图像识别、自然语言处理、专家系统等领域，包括热度非常高的芯片设计领域。国内人工智能芯片公司如雨后春笋般涌现，燧原科技、天数智芯、寒武纪、比特大陆等都相继推出了人工智能芯片产品。

目前，业内对人工智能芯片并无明确统一的定义。广义上，所有面向人工智能，包括训练（Training）和推理（Inference）应用的芯片都可以被称为人工智能芯片，简称 AI 芯片。

市面上的 AI 芯片种类繁多，各种处理单元（Process Unit）层出不穷。从最常见的 CPU、GPU，到后来出现的 BPU、DPU、TPU、NPU、VPU 等。以目前 AI 芯片命名的趋势来看，26 个英文字母将很快被用完。在 AI 芯片领域，各家公司产品推陈出新，各种 PU 令人眼花缭乱。在人工智能芯片的竞技场上，为了对各种 PU 有一个全面的认识，下面我们来看看它们是如何诞生的，又是如何在各自的领域发挥作用的。

APU（Accelerated Processing Unit）

APU 的中文名称是加速处理器，它是 AMD 在 2011 年推出的"融聚未来"理念产品，其中的一款产品如图 3-28 所示。APU 第一次将中央处理器、独显核心，甚至是南北桥融合在一个晶片上，可以灵活地在 CPU 和 GPU 间分配各个任务，发挥各自的长处，实现协同计算，以此提高计算机整体的运行效率。

图 3-28　AMD APU

APU 的概念自提出至今已有十多年，今天它依然是主流的架构方向。市面上的个人计算机采用的 Ryzen 系列核心都是 APU，用户可以根据自己的需求选择不同的配置。

APU 除了指加速处理器，还可以指音频处理单元（Audio Processing Unit）——专门用于处理声音数据的处理器。它常用于手机、智能音响、智能电视等支持语音交互的设备中，这些设备都需要音频处理单元的支持。

BPU（Brain Processing Unit）

BPU 是由行业领先的高效能智能驾驶计算方案提供商——地平线研发的智能计算架构。

地平线以"赋能机器，让人类生活更安全、更美好"为使命，是推动智能驾驶在中国乘用车领域商业化应用的先行者。地平线致力于通过软硬结合的前瞻性技术理念、研发极致效能的硬件计算平台及开放易用的软件开发工具，为智能汽车产业变革提供核心技术基础设施和开放繁荣的软件开发生态，为用户带来无与伦比的智能驾驶体验。

如今，搭载 BPU 的高性能大算力车载智能芯片征程系列已经步入第 5 代产品，其架构如图 3-29 所示。相应地，地平线 BPU 的架构也走过了 5 代，分别是高斯架构、伯努利 1.0 架构、伯努利 2.0 架构、贝叶斯架构、纳什架构，它们都是以科学家的名字命名的。

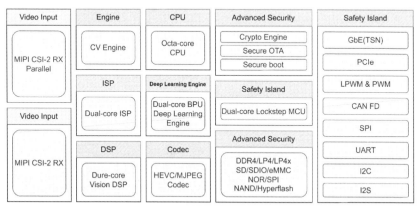

图 3-29　征程 5 芯片架构

CPU（Central Processing Unit）

CPU 是最"古老"、最为大家所熟知的处理器。CPU 的结构主要由算术与逻辑单元（Arithmetic and Logic Unit，ALU）、控制单元（Control Unit，CU）、寄存器（Register）、高速缓存器（Cache）及其之间的通信数据、控制及状态总线等模块组成，如图 3-30 所示。如果把一块集成了众多模块的 SoC 芯片比作人，那么 CPU 就是 SoC 的大脑，负责处理、分配及决策整个 SoC 的各种任务。

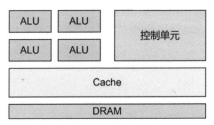

图 3-30　CPU 结构简图

DPU（Data Processing Unit）

DPU 在芯片界可谓风头正劲。据互联网数据中心（IDC）统计，全球算力需求平均每 3.5 个月就会翻一倍，CPU 和 GPU 急需新的处理单元为云计算、数据中心等处理大量数据的场景减负。在此背景下，DPU 走上了舞台。在 5G 等通信技术的快速发展下，数据传输速度越来越快，需要计算的数据也越来越密集，DPU 凭借强大的吞吐能力和处理效率成为业界新宠。

研发 DPU 芯片的公司不在少数，包括国际巨头 AMD 自适应和嵌入式计算事业部（AECG，Xilinx 前身）、英伟达、英特尔等，以及国内公司，如芯启源、大禹智芯、中科驭数、星云智联、云豹智能、浪潮等。

DPU 也指 Deep-learning Processing Unit，比较有代表性的是深鉴科技（于 2018 年被 Xilinx 收购）的基于 FPGA 的处理单元，其拥有业界较为领先的机器学习能力，专注于神经网络剪枝、深度压缩技术及系统级优化。

EPU（Emotion Processing Unit）

EPU 由 Emoshape 公司提出，是业界首款虚拟情感合成引擎。EPU 可以提供高性能的机器情感感知功能。在软件算法层面，EPU 基于 Ekman 理论并进行了扩展，可以对 12 种主要情绪（包括愤怒、恐惧、悲伤、厌恶、冷漠、后悔、惊讶、疏忽、信任、信心、欲望和快乐等）做出反应，其对情感的识别准确率可达 86%。

EPU 具有高性能机器情绪意识，这也是人工智能最重要的发展方向之一，它将在元宇宙、游戏、虚拟现实、汽车、智能扬声器、消费电子设备，以及健康护理等领域起到重要的作用。

FPU（Floating-Point Processing Unit）

指通用处理器中负责浮点运算的单元，大多为芯片的一个模块。

GPU（Graphics Processing Unit）

GPU 对很多人来说并不陌生，其中文名称是图形处理器，是显卡的核心部件。GPU 的应用场景越来越丰富，如电子游戏、自动驾驶、深度学习等。国内做 GPU 的公司也越来越多，如摩尔线程、壁仞科技、天数智芯、沐曦集成电路、景嘉微等。

HPU（Holographic Processing Unit）

HPU 的中文名称是全息处理单元，是微软公司于 2016 年 8 月发布的一款协处理器，搭载在微软的一款 HoloLens 虚拟现实头盔中。它采用台积电 28 纳米工艺，集成了 6500 万个逻辑门，每秒可以处理 1 万亿条操作指令。HPU

可以对现实环境数据和用户输入的数据进行实时整合处理，从而实现头盔的增强现实功能。

IPU（Intelligence Processing Unit）

IPU 是由英国 AI 芯片创业公司 Graphcore 率先提出的概念，即智能处理器。该公司成立于 2016 年，总部位于英国布里斯托。IPU 是一种全新的大规模并行处理器，其架构与传统的 CPU、GPU 有明显区别，如图 3-31 所示。与 CPU 和 GPU 的结构不同，IPU 在处理器核心内部布置了大量的存储单元，使计算处理单元和存储单元紧密地耦合在一起，同时采用大规模并行多指令多数据（Mutiple Instruction Mutiple Data，MIMD）实现高性能的计算。

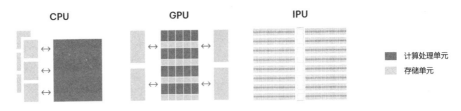

图 3-31　IPU 与 CPU、GPU 的架构对比

目前，IPU 已经在金融、生物技术、科学研究、机器学习等多个领域实现了应用，微软、牛津大学、帝国理工学院都是 IPU 的用户。

JPU

目前还没有明确的概念，有一种说法是 Job Processing Unit，但这个命名还无法体现 JPU 的任何特点及应用领域。

KPU（Knowledge Processing Unit）

嘉楠科技推出的 Kendryte K510 是一款自主研发的神经网络 KPU，如

图 3-32 所示。其核心是基于 RISC-V 的 64 位 CPU，最高主频可达 800MHz，算力可达 2.5TFLOPS，内置卷积、激活、池化等运算单元，可以对人脸或物体进行实时检测。K510 可结合机器视觉和机器听觉能力提供更强大的功能，既可以作为一个高端多核单片机，又可以作为人工智能芯片使用，应用前景非常好。

图 3-32　Kendryte K510 渲染图

此外，中科驭数也自主研发了 KPU 架构，其首款 KPU 芯片于 2019 年成功流片，如图 3-33 所示。

图 3-33　中科驭数的 KPU 芯片

了不起的芯片

这款 KPU 是专为加速特定领域核心功能计算而设计的一种协处理器架构，以功能核作为基本单元，直接对应用中的计算密集性应用进行抽象和高层综合，实现以应用为中心的架构"定制"，能够有效解决特定领域的海量数据处理问题。从中科驭数对 KPU 的定位可以看出，它最终还是为 DPU 服务的。

LPU

业内目前没有关于 LPU 的明确概念或者定义。

MPU（Micro Processing Unit）

微处理器，与 CPU 的概念相近，这里不做过多的介绍。

NPU（Neural-Network Processing Unit）

设计 NPU 的公司不止一家，这里重点介绍一下平头哥的含光 NPU，其顶层架构如图 3-34 所示。2019 年 9 月，平头哥发布了首个数据中心芯片——含光 800。含光 800 是一款高性能人工智能推理芯片，集成了 170 亿个晶体管，峰值计算能力达 820TOPS。

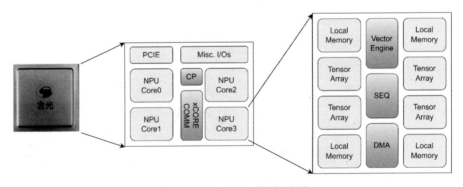

图 3-34　含光 800 顶层架构图

含光 800 支持主流的深度学习框架，包括 TensorFlow、MXNet、Caffe、ONNX 等。同时，该款芯片的推理性能在业界处于领先地位，可以为快速增长的数据中心需求提供良好的解决方案。

OPU

业内目前没有关于 OPU 的明确概念或者定义。

PPU（Physics Processing Unit）

PPU 即物理运算处理器，是指进行模拟物理计算的处理器。如果说 CPU 是为了达到更快的控制和运算速度，GPU 是为了达到更好的图像效果，那么 PPU 则是在电子游戏中承担一部分 CPU 和 GPU 在物理计算方面的工作，让游戏画面更加贴近现实。PPU 的概念由 Ageia 公司（于 2008 年被英伟达收购）在 2005 年的游戏开发者大会（GDC）上首次提出。

QPU（Quantum Processing Unit）

量子处理单元，也可以称为量子芯片。QPU 的算力随比特数 n 的增长呈 2^n 指数级增长。它是实现高性能计算最佳的方向之一，在传统计算机难以解决的复杂计算问题领域被寄予厚望。无论是产业界还是学术界，已经有多家研究机构和实验室在进行 QPU 的相关研究，但都处于探索阶段，距离商用还有相当长的距离。

RPU

目前，RPU 在业内被提及的少之又少，根据首字母 R 可联想到 Radio Processing Unit、Resistive Processing Unit 等概念，但尚未有相关芯片大规模出货。

了不起的芯片

SPU

业内目前没有关于 SPU 的明确概念或者定义，可猜想为 Service Processing Unit、Standard Product Unit、Streaming Processing Unit 等。

TPU（Tensor Processing Unit）

张量处理器，是谷歌公司开发的定制专用芯片，适用于神经网络计算、机器学习等领域，并为谷歌的 TensorFlow 机器学习框架提供了硬件基础。TPU 主要用在 AlphaGo 系统，以及谷歌地图、谷歌云、谷歌相册和谷歌翻译等应用中。

迄今为止，谷歌已经发布了四代 TPU。值得一提的是于 2018 年 7 月发布的用于边缘计算的 Edge TPU，相比谷歌在数据中心的 TPU，Edge TPU 无论是在面积还是功耗上，都要小得多。2019 年 10 月，谷歌发布了新款智能手机 Piexl 4，如图 3-35 所示。Pixel 4 上搭载了一款名为"Pixel Neural Core"的 Edge TPU，并且后续的 Pixel 系列智能手机也都搭载了 TPU。

图 3-35　谷歌 Pixel 4 智能手机

UPU（Unified Processor Unit）

UPU 中文名称为和谐统调处理器（亦指 Harmony Unified Processor），是深圳中微电科技有限公司（ICube）于 2011 年左右提出的概念。它的特点是将 CPU 和 GPU 统一在一个核芯内，同时结合了多线程虚拟流水线（Multi-threaded Virtual Pipeline Stream Processor）、平行运算内核、独立的指令集架构、优化的编译器，以及灵活切换的动态负载均衡等新技术，主要应用在移动端市场。

基于 UPU 概念的代表性产品是中微电的单核 SoC 芯片——IC3138，如图 3-36 所示。IC3138 的特点是可提供通用的并行计算功能，动态地调整 CPU 和 GPU 之间的工作负荷，以及灵活地权衡性能和功耗等。该芯片主要面向智能家电、物联网等市场领域，支持 Linux、Android 等操作系统。

图 3-36 中微电 IC3138 芯片

VPU（Vector Processing Unit）

一指矢量处理器，是 Movidius 公司（于 2016 年被英特尔收购）推出的图

了不起的芯片

像处理与人工智能的专用芯片的加速计算核心。此外还有 Vision Processing Unit、Video Processing Unit 等概念，和 GPU 功能接近。

WPU

一指 Wearable Processing Unit，是印度的 Ineda Systems 公司（于 2019 年被英特尔收购）在 2014 年 4 月推出的可穿戴处理器单元，主要用于智能可穿戴设备，特点是功耗低，解决可穿戴设备的续航问题。此外，也可以指 Web Processing Unit。

XPU

X 代表未知、无限，任何一个尚未研发出来的处理器都可以认为是 X 处理器！目前如果非要选一个，那就选百度和赛思灵（Xilinx）合作推出的基于 FPGA 的云端加速芯片 XPU 吧。

YPU

业内目前没有关于 YPU 的明确概念或者定义。

ZPU（Zylin Processing Unit）

ZPU 是由挪威的 Zylin 公司推出的一款 32 位处理器，并于 2008 年开源。目前，我们依然可以在 GitHub 上看到它的开源代码（见链接 3-1）。

在人工智能、深度学习等概念全面融入芯片设计的时代，各家 AI 芯片公司顺势而起，各种概念层出不穷。在命名方面，26 个英文字母面临着即将被用尽的情况。在未来的 AI 芯片浪潮中，能有多少公司真正把概念做成产品并推广到市场，这还是未知数。但就目前的形势看，AI 芯片设计在国内处于百花齐放的状态，并不比国外落后。希望 AI 芯片能为用户带来更多更具想象力的应用场景。

3.10 人工智能与芯片设计

当下的两大硬核科技——人工智能和芯片相遇，必然会碰撞出光彩夺目的火花。火花主要分两种，一种是人工智能芯片的设计，另一种是利用人工智能设计芯片。

3.10.1 人工智能芯片设计

人工智能芯片（AI 芯片）是指专门用于处理 AI 应用中大量特定计算任务的芯片，或者包含 AI 模块的芯片。AI 芯片的硬件结构是针对 AI 算法专门设计的，执行 AI 算法的速度更快、功耗更低。常见的 AI 算法包括卷积神经网络（Convolutional Neural Networks，CNN）、循环神经网络（Recurrent Neural Networks，RNN）等。CNN 擅长图像的识别与处理，提取特征图像。RNN 是一个在时间上传递的神经网络，网络的深度就是时间的长度，擅长处理在时间上具有先后顺序的问题，如语音识别等。

以应用广泛的 CNN 算法为例，图像处理的主要操作是卷积。这里的卷积和"信号与系统"课程中的卷积有所不同，可以称为内积或者向量点乘。卷积的第一步运算过程如图 3-37 所示，左侧为原始图像，其中每个方格可以代表一个像素点，每个像素点可以用 8 比特无符号数据表示，这里简单地记作 1、2、3……中间的图像是一个 3×3 的卷积核（Kernel，也可称作 Filter）。原始图像与卷积核做一次卷积运算即可得到结果 A，卷积的运算公式如下：

了不起的芯片

$$A = 1 \times a + 2 \times b + 3 \times c + \cdots + 9 \times i$$

实际上，原始图像有 3 个图层，每个图层都要与卷积核做运算，最后相加得到新图像的一个像素点 X。如果我们把第二个图层和第三个图层与卷积核做运算的结果分别记为 B 和 C，则 X 的计算公式如下：

$$X = A + B + C$$

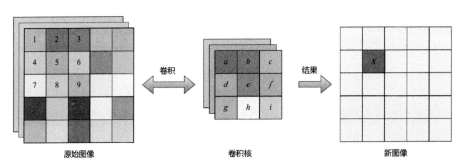

图 3-37　卷积的第一步运算

当第一步运算完成后，开始第二步运算，如图 3-38 所示。在步长（Step）为 1 的情况下，在原始图像中，选取第一步运算向右平移的 9 个像素点与卷积核做运算，得到目标图像的第二个像素点第一个图层的值 D，运算公式如下：

$$D = 2 \times a + 3 \times b + 10 \times c + \cdots + 12 \times i$$

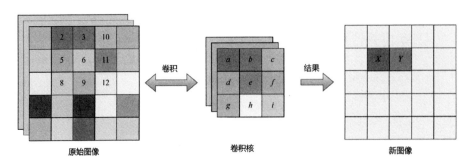

图 3-38　卷积的第二步运算

同理，将 3 个图层的值相加得到新图像第二个像素点的值 Y。

当原始图像的全部像素点做完一次卷积后，得到新图像如图 3-39 所示。我们会发现，新图像比原始图像变小了一圈，这是因为 3×3 的卷积核与原始图像做计算所得结果放在了新图像每一个九宫格的中间，最终导致新图像边缘的像素点缺失。除了图像变小，边缘的像素点和卷积核做卷积的次数总是小于图像中间的像素点，从而导致对其信息特征的提取不足。

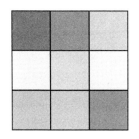

图 3-39 新图像

对于以上两个问题，我们可以采用在原始图像周围填充（Padding）一圈像素点的方式来解决，如图 3-40 所示。这样既可以避免图像变小，也可以充分地提取图像边缘的特征。填充的方式也是多种多样的，在实际的 AI 芯片设计中会根据不同的场景选取不同的填充方式。

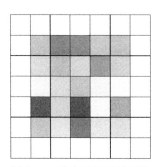

图 3-40 填充后的原始图像

了不起的芯片

在了解了卷积的基本原理之后，下面来看两个神经卷积网络实际应用的例子。

首先是利用图 3-41 所示的卷积核，实现对图像平滑处理的效果。当卷积核与图像做运算时，相当于把某个像素点及周围的点分别乘以 1/9 后再相加，可以让图像相邻的像素点过渡更加自然、平滑，如图 3-42 所示。

1/9	1/9	1/9
1/9	1/9	1/9
1/9	1/9	1/9

图 3-41　卷积核

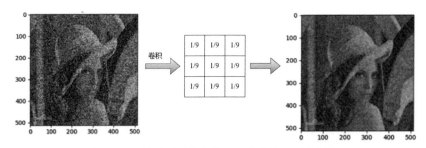

图 3-42　经过平滑卷积核处理前和处理后的图像

CNN 应用于图像处理的另一个经典的例子是边缘检测（Edge Detection），吴恩达教授在卷积神经网络课程中举的一个例子比较简单易懂。如图 3-43 所示，左侧的图片是一个简单的 6×6 大小的图像，图像中的数字代表图片的亮度值，10 表示亮度较高，0 表示亮度较低的浅灰色。左下角的小图片代表它的图片形式，图片中央有一条明显的分界线。中间的图片是用于边缘检测的卷积核，其图片形式为左侧 1/3 较亮、中间 1/3 较暗、右侧 1/3 最暗。当左侧的图像和卷积核做一次完整的卷积计算后，可得到右侧的图像，右下角的小图片是它的图片形式。其中,最亮的区域在中间部分,数值达到 30,这与检测出的垂直边缘相对应。但是中间最亮的区域较宽,这是因为我们用的图像较小,如果图片的大小是 1920×1080,那么在视觉上呈现的效果会更好。

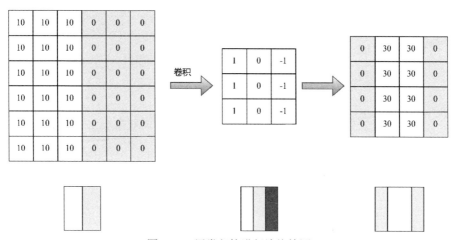

图 3-43 用卷积核进行边缘检测

卷积只是 CNN 中最基本的操作之一。一个完整的 CNN 包括输入层、卷积层、池化层、全连接层、输出层等,如图 3-44 所示。其中,卷积层和池化层的主要作用是提取图片的特征,全连接层用于对图片进行分类。在实际项目中,卷积层、池化层、全连接层都不止一层,卷积层一般在几十层左右,而在较深的 CNN 中,卷积层可能超过 100 层。

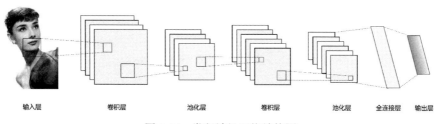

输入层　　　卷积层　　　池化层　　　卷积层　　　池化层　全连接层　输出层

图 3-44 卷积神经网络结构图

有了以上的基本理论知识后，我们就可以将它们运用到实际的 AI 芯片项目中。比如，存储及搬运图像数据、使用 Verilog 等硬件描述语言实现卷积算子等。AI 芯片在特定领域具有高效率、低功耗等特点，因而应用场景更丰富，并且越来越多的 SoC 芯片集成了 AI 模块，以协助 CPU 和 GPU 使芯片发挥最优的性能。

3.10.2　人工智能赋能芯片设计

在芯片设计发展史上，EDA 是提高芯片设计效率的法宝之一。即便有了这个法宝，一般中大规模的芯片设计周期依然在一年以上。因此，如何节省时间成本和人力成本，一直是业内最关心的问题之一。

人工智能出现后，业界的科学家和工程师便试图通过训练 AI 来助力芯片设计。2021 年 6 月，由 Jeff Dean 领衔的团队在《自然》杂志上发表了一篇名为 *A Graph Placement Methodology for Fast Chip Design* 的论文。6 小时内，谷歌研究人员就利用基于深度强化学习的芯片布图规划及布局方法，生成芯片布局图，且性能、功耗、面积等关键指标都优于或与芯片设计专家的设计图效果相当。如果由工程师来完成这些工作，可能要花费一周或者几周的时间。这项研究在业界掀起了较大的波澜，这意味着 AI 确实可以在芯片设计中发挥重要的作用。当然，这项技术仅仅用在后端设计的一个环节中，并非用 6 小时即可从前端到后端设计一款芯片。

事实上，EDA 工具厂商越来越重视 AI 在芯片设计中的作用，部分 EDA 工具已经实现了 AI 技术的"点应用"，包括提高逻辑综合、DFT、布图规划及布局等环节的设计速度，减少迭代次数，为芯片设计工程师赋能。

3.11 芯片设计中的艺术

芯片设计是不折不扣的工科行业，但既然是设计，就少不了艺术的元素。艺术思想贯穿于芯片设计的全流程，从架构设计到后端设计，艺术元素隐藏在每一处不易察觉的细节中，这也是独属于芯片设计工程师的浪漫。接下来通过两个实际设计芯片的例子，来感受一下其中的艺术思想。

第一个例子是流水线设计。所谓流水线，是指在执行指令时，将每条指令分为多个步骤，将多条指令放在同一时钟周期内，轮流重叠地使用同一套硬件的各个部分运行不同的步骤，从而实现多条指令的并行处理，以加速程序运行过程。

以经典的五级流水线设计为例，一条指令可以分为五个步骤：指令获取（Instruction Fetch，IF）、指令解码（Instruction Decode，ID）、指令执行（Instruction Execute，IE）、存储器访问（Memory Access，MA）、回写（Write Back，WB）。这里假设执行每个步骤所需的时间相同，为 1 个时钟周期，那么一条指令执行完毕共需要 5 个时钟周期。在不采用流水线的情况下，只有当上一条指令执行完毕后，才开始执行下一条指令，在 10 个周期内可以执行完两条指令，如图 3-45 所示。

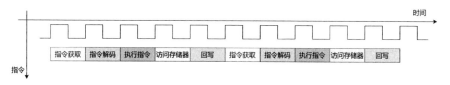

图 3-45 不采用流水线时，指令按顺序执行

了不起的芯片

在采用流水线技术的情况下，第一条指令的第一个步骤——指令获取完成后，获取指令的硬件资源会被释放出来，可以继续获取第二条指令。同时，第一条指令开始执行第二个步骤——指令解码，以此类推，其过程如图 3-46 所示。采用流水线技术后，并没有加快单条指令的执行速度，每条指令的操作步骤没变，但可以同时执行多条指令的不同操作步骤。因此从总体上看，指令的执行速度加快，程序执行时间缩短，吞吐率提高。

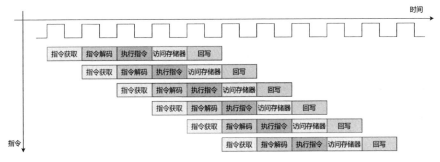

图 3-46　采用流水线时，不同的指令可以同时执行

从以上流水线执行指令的步骤中可以看出，它要求实现各个步骤的硬件可以相互独立地工作。通常，设计工程师在较长的组合逻辑路径中，通过插入寄存器来降低组合逻辑的延迟，从而提高时钟频率，达到提升性能的目的。CPU 中的流水线设计借鉴了工业流水线制造的思想，尽管我们对流水线并不陌生，但开创性地把它应用到 CPU 的设计中可以说非常巧妙，这有效提升了CPU 的性能。应用流水线技术也有缺点，比如增加额外的硬件开销、设计复杂度高等。在实际的芯片设计中，应用流水线技术很考验设计者的水平，比如：是否采用流水线？采用几级流水线能让收益最大化？这就是芯片设计中的艺术。

第二个例子是模拟版图的设计。芯片版图如图 3-47 所示，我们会发现里面布满了密密麻麻的功能模块和错综复杂的走线。对于版图工程师来说，设计版图就像完成一件艺术品。模拟版图设计要考虑众多的约束，如时序、面积等，同时要兼具美感，如对称美、均衡美、秩序美等。一位高水平的版图设计工程师一定兼具艺术天分，才能胜任芯片设计的工作。

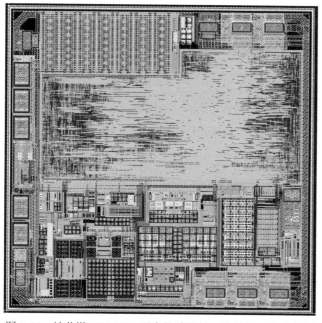

图 3-47　纳芯微 NSA2300 压力传感器接口信号调理芯片版图

在芯片设计中，还有一种艺术表现形式——涂鸦。部分极具艺术天分的工程师会在芯片上雕刻各种有意思的图案，这些图案是设计工程师在设计阶段就做好的，最终在制造端被刻出来。涂鸦主要利用芯片上没用的空间，否则被老板发现，少不了一顿批评。Chipworks（于 2016 年与 Techinsights 合并）是一家做芯片拆解与分析的公司，其工作任务之一就是打开芯片，使用电子

了不起的芯片

显微镜观察芯片内部的微观结构。比如，Chipworks 在 AMD 速龙处理器内部发现了手枪涂鸦，如图 3-48 所示；Cambridge Silicon Radio 公司在一款型号为 BC417143BQN 的芯片上画了一只兔八哥，如图 3-49 所示。更多的芯片涂鸦可以访问链接 3-2。

图 3-48　AMD 速龙处理器中的手枪涂鸦

图 3-49　Cambridge Silicon Radio 芯片上的兔八哥

不得不感叹，这些了不起的芯片设计工程师，把科学和艺术结合在一起，在芯片这个舞台上尽情展现着他们的才华，在努力改变这个世界的同时，不忘幽默，并怀着一颗热忱的心对待工作和生活。

3.12 本章小结

本章全面介绍了芯片设计的流程，从市场调研到交付制造，我们一同体验了芯片设计的艰难旅程。同时，本章对芯片设计的支撑工具——EDA 做了介绍和分析。EDA 是芯片设计中不可或缺的一部分，EDA 让芯片设计工程师的工作效率提高了成百上千倍。可以说，没有 EDA，就没有现代芯片。

本章还针对芯片设计中涉及的常见问题给出了科普和解答，从硬件和软件两个层面重新认识了我们的老朋友——CPU。同时，对芯片设计中的部分前沿方向进行了科普及探讨。最后，揭示芯片设计中的艺术，芯片设计的过程中充满了科学与艺术的碰撞和交融！

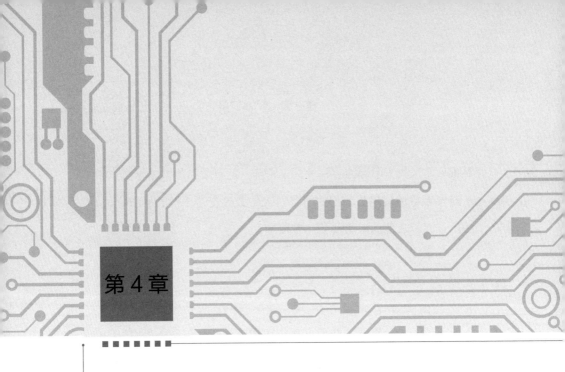

第 4 章

隐秘而伟大——芯片制造

　　芯片行业归根结底属于制造业，制造是芯片行业的根基。即便有了指令集架构授权、EDA、实力强劲的设计技术积累，但如果不能交付制造，那么一切也是纸上谈兵。可以说，谁控制了高端制造，谁就拥有了主动权和议价权。新冠肺炎疫情暴发后的一段时间，"缺芯"成了半导体行业的主旋律，各大芯片制造厂产能有限，无法满足市场强劲的需求。尽管芯片制造端的报价持续上涨，但对设计公司来说，产能依然是持币难求。

　　芯片制造是我国半导体产业链最为薄弱的环节之一，也是我国"芯痛"的主要原因。先进工艺的研发需要技术的积累以及大量的资金投入，即便是强如台积电，在 3 纳米及 2 纳米先进工艺的研发上也需要苹果的合作与支持。建造一家拥有先进工艺制程的晶圆厂，所需资金高达百亿美元。除了具备极紫外（EUV）光刻机、刻蚀机等昂贵的设备，还要建造恒温、恒湿的无尘间，并引进与之对应的各种机械设备和技术人员，再加上基础设施建设和土地等，芯片制造可谓"最烧钱的游戏"之一！这也是国内针对芯片行业的创业都选择设计，而非制造的重要原因之一。

尽管我们每天都在享受着芯片带来的便捷服务，但芯片制造距离我们普通人很遥远，大多数人对其知之甚少。本章我们就走进芯片制造的世界，对这项隐秘而伟大的工程一窥究竟！

4.1 芯片制造流程

纵观整个制造业，芯片制造流程的复杂程度可以说是名列前茅。如图 4-1 所示，这项"点石成金术"可分为八大步骤，这些步骤又可以细分为上百道工序。

图 4-1 芯片制造的步骤

1. 制造硅晶圆

制造硅晶圆的原料是我们最常见的沙子，沙子的主要成分是二氧化硅。将沙子进行提纯得到单质硅，再通过直拉法得到单晶硅锭，切去硅锭的两端，再将其切成几段进行滚磨，目的是使单晶硅棒达到标准直径。接下来，采用 X 射线法确定单晶硅的晶向，切出参考面，再以参考面为基准进行切割，得到硅晶圆，如图 4-2 所示。

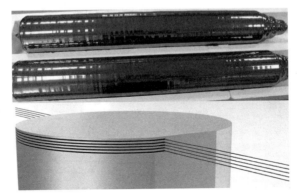

图 4-2　切割硅锭得到硅晶圆

得到初步的硅晶圆后，还要对其进行倒角、研磨处理，让其表面变得平整光滑，否则难以在上面刻制正确的电路。研磨过后要用化学腐蚀液去除研磨过程中的损伤，最后用抛光液进行抛光，经检验合格后，即可交给产线进行制造了。

2. 薄膜沉积

第 2 步到第 6 步是需要多次重复的过程。

薄膜沉积（Deposition）是指将材料薄膜沉积到晶圆表面上。沉积材料可能是导体、半导体和绝缘体，常见的薄膜有二氧化硅薄膜、多晶硅薄膜、氮化硅薄膜、金属及化合物薄膜等。常用的沉积方法有化学气相沉积（Chemical Vapor Deposition，CVD）和物理气相沉积（Physical Vapor Deposition，PVD）。

化学气相沉积是指将构成薄膜物质的气态反应剂或液态反应剂的蒸汽以合理的流速引入反应室，使其在衬底表面发生化学反应，沉积成膜，如图 4-3 所示。

物理气相沉积是指在真空条件下，采用物理方法，将材料源（固体或液体）气化成气态原子或分子，或部分电离成离子，转移到硅衬底表面，形成薄膜。相比 CVD 而言，PVD 的优点是工艺原理简单、所需温度低，能用于制备各种薄膜；缺点是在台阶覆盖（Step-Coverage）性、附着性、致密性方面不如 CVD 薄膜。

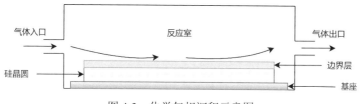

图 4-3　化学气相沉积示意图

PVD 的常见种类包括溅射镀膜、真空蒸镀、等离子体镀膜等。以溅射镀膜为例，它是指在一定真空度下使气体等离子化，用离子轰击靶材表面，使靶材表面的原子等粒子气相转移到达衬底，在衬底表面沉积成膜，如图 4-4 所示。

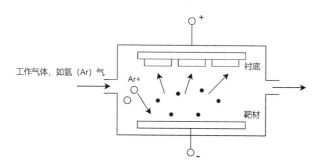

图 4-4　物理气相沉积之溅射镀膜

3. 光刻

光刻是整个制造过程中最核心的一步。光刻前要在晶圆上均匀地涂上光刻胶（Photoresist），光刻胶通常采用旋涂的方式，即边旋转、边涂抹，保证光刻胶的均匀性，如图 4-5 所示。

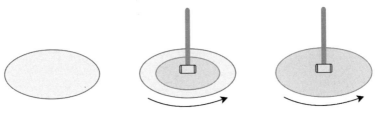

图 4-5　采用旋涂的方式涂抹光刻胶

　　将涂好光刻胶的晶圆放入光刻机中，光刻机的光源发出的深紫外（DUV）或极紫外（EUV）光透过掩模版（也称作光罩），将掩模版上的电路结构图案缩小并聚焦到光刻胶图层上。光刻胶在受光后，受光区域会发生化学变化，掩膜版上的电路图形就会被刻到光刻胶图层上，此步骤称为曝光，如图 4-6 所示。曝光之后的步骤是烘烤和显影，目的是去除图形未覆盖区域的光刻胶，从而让印制好的电路图案显现出来，永久固定。

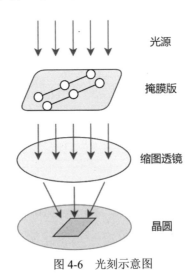

图 4-6　光刻示意图

4. 刻蚀

刻蚀（Etch）是指在光刻步骤完成后，用化学或物理方法有选择性地从硅片表面去除不需要的材料，只留下 3D 电路图。刻蚀方法主要包括湿法刻蚀（Wet Etching）和干法刻蚀（Dry Etching）。湿法刻蚀是指利用化学溶液与预刻蚀材料之间的化学反应，去除未被掩蔽膜材料掩蔽的部分，达到刻蚀的目的；干法刻蚀是指用等离子体等化学活性较强的性质进行薄膜刻蚀。干法刻蚀又包括溅射刻蚀（Sputter Etching）、等离子体刻蚀（Plasma Etching）、反应离子刻蚀（Reactive Ion Etching，RIE）。下面以等离子体刻蚀为例来演示刻蚀过程：利用等离子体中的粒子撞击二氧化硅薄膜层，去除多余氧化层，达到刻蚀的目的，如图 4-7 所示。

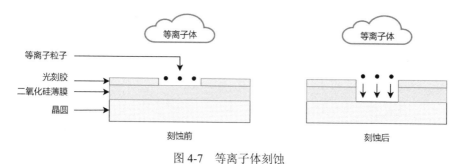

图 4-7　等离子体刻蚀

5. 计量和检测

刻蚀结束后要对晶圆进行计量和检测，确保没有误差。如果检测结果不符合预期，则应返回至光刻或者刻蚀步骤，做进一步的优化及调整。事实上，计量和检测可以贯穿整个制造流程。

6. 离子注入

离子注入是指在强电场的作用下，将要掺杂的原子（如III、V族元素）加速射入晶圆的特定区域，再经过退火、激活杂质、修复晶格损伤等步骤，从而获得所需的杂质浓度，最终形成 N 区或者 P 区。

7. 互连

互连是指将同一个芯片内各个独立的元器件，通过某种工艺连接成具有一定功能的电路模块。用于互连工艺的金属材料需具备电阻率低、热化学稳定性好、抗电迁移特性佳、沉积和刻蚀容易、价格低廉等特征。在集成电路发展早期，主要使用铝互连工艺，但因为铜比铝具有更低的电阻率和更好的抗电迁移特性，因而铜被广泛用在互连工艺中。

在整个制造流程中，从薄膜沉积到互连这六个步骤会重复几十次甚至上百次，每重复一次，就会在晶圆上刻制一层电路，最终形成一个完整的芯片。

8. 后处理及测试封装

完成以上所有步骤后，对晶圆整体进行打磨、抛光等，再进行测试及封装，就可以出厂交付了！

这就是芯片的完整制造流程。

4.2 工业皇冠——光刻机

如果说 CPU 是工业皇冠上的明珠，那么工业皇冠的称号则非光刻机莫属。作为芯片制造工艺中最重要的一步，光刻决定了光刻机在半导体设备领域的霸主地位。光刻机造价昂贵，放眼全球，能制造光刻机的公司屈指可数，而拥有 EUV 光刻机的阿斯麦（ASML）更是一骑绝尘，垄断了先进制程工艺的市场。与 EDA 相比，光刻机在半导体领域的重要性有过之而无不及。

4.2.1 什么是光刻机

光刻机（Lithography System），又称掩模对准曝光机，是芯片制造流程中光刻工艺的核心设备。光刻决定了芯片的关键尺寸,在整个芯片的制造过程中,光刻占据了约 35% 的制造成本。

光刻(Photo Lithography)工艺用于将掩模版上的几何电路图形转移到晶圆表面的光刻胶上。首先,光刻胶处理设备把光刻胶旋涂到晶圆表面,经过分步重复曝光和显影处理之后,在晶圆上形成预先设计好的电路。通常,以一个制程所需要经过的掩膜数量来表示这个制程的难易程度。

光刻的分类方式多种多样,根据曝光方式不同,光刻可分为接近接触式光刻、光学投影式光刻和激光直写式光刻。接近接触式光刻会通过无限靠近,复制掩模版上的图案;光学投影式光刻采用投影物镜,将掩模版上的结构投影到晶圆表面;激光直写式光刻是将光束聚焦为一点,通过运动工件台或镜头扫描实现对任意图形的加工。三种光刻方式的原理如图 4-8 所示。光学投影式光刻凭借高效率、无损伤的优点,成为集成电路的主流光刻技术。

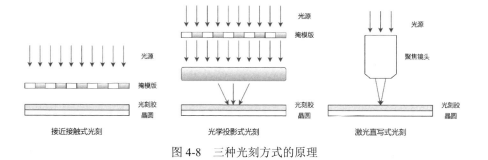

图 4-8　三种光刻方式的原理

根据光源的不同,光刻机可以分为 g 线(436 纳米)、i 线(365 纳米)、KrF(248 纳米)、ArF(193 纳米)、EUV(13.5 纳米)。这五种光源也代表了五代光刻机的发展历程。

光刻机还有其他的分类方式:根据操作的简便性,可以分为手动、半自动、全自动三种;根据光刻面数的不同,可以分为单面对准光刻和双面对准光刻；根据光刻胶类型的不同，可以分为薄胶光刻和厚胶光刻；根据应用场景的不同，可以分为用于制造芯片的光刻机、用于封装的光刻机，以及用于 LED 制造领域的投影光刻机等。

4.2.2　光刻机和核弹相比，哪个更难造

以业界最先进的 EUV 光刻机和最先进的核弹相比，它们尽管所属不同的领域，但都是现代高科技的代表，所以它们之间的对比也充满了悬念。

目前，世界上拥有核弹的国家屈指可数，而能造出 EUV 光刻机的国家却只有荷兰。但是，这能说明光刻机就比核弹更难造吗？显然不能，原因不仅是对比角度过于单一，还在于制造光刻机和核弹的难点并不在同一维度上。

ASML 生产的 EUV 光刻机采用了多个国家和地区的顶尖技术与高精尖仪器，如紫外光源、光学镜头、掩膜版对准系统、双晶圆平台模组、计量及控制系统、能量控制器、光束矫正器等，这些是由欧洲、美国、日本等提供的。这些仪器都是各自的领域方向最先进仪器的代表，光刻机更是集合了各个领域最先进的技术，实现了1+1＞2的效果。因此，ASML EUV 光刻机的成功离不开全球最先进的仪器技术的支持。制造光刻机的难点在于光刻机所需的所有零部件都要达到国际顶级的水准，并且需要大量的资金投入，动用各种资源，实现全球相关产业链的整合。所以说，即使 ASML 公开光刻机的原理图纸，也并不是任何一个国家都能集成所有核心部件，造出 EUV 光刻机的。

核弹的基本原理并不难，主要是通过原子核裂变过程释放的中子轰击其他原子核，形成链式反应。在整个过程中，原子核会发生质量损耗，根据爱因斯坦提出的质能方程 $E = mc^2$ 可知，微小的质量损耗可以转化为巨大的能量，从而形成毁灭级的破坏力。想要造一枚核弹，难度相当大，可以说不亚

于制造任何一个顶级的光刻机核心零部件。核弹的制造难点之一在于原材料，目前主要有两大类原材料——铀 235 和钚 239。以铀 235 为例，这种元素在自然界中非常稀少，国土面积小或者矿产资源不丰富的国家可能连制造一枚核弹的原材料都凑不齐。就算有足够的铀矿产，还要经过高度提纯：首先要从铀矿产中提炼出天然铀，在天然铀中，铀 238 的占比是 99.28%，铀 235 的占比仅为 0.71%，并且要通过离心机将铀 235 提纯至 90%，才可成为武器级铀，用于制造核弹。这个过程需要的离心机可能达到成千上万台，要克服的技术难题和耗费的资源之多可想而知。除此之外，如何控制核裂变速度、何时引爆等一系列问题都是核弹的难点。所以说，核弹尽管制造原理简单，但并不是任何一个国家都能造出来的。

事实上，两者对于一个国家的意义是完全不同的。光刻机更偏向商业行为，要符合商业逻辑，这意味着要面对其他同类商品的竞争，只有成为业内龙头，才能吃尽行业红利。核弹是军事行为，要满足军事战略需要。尽管普通的核弹在威力上比最先进的核弹差一些，但只要可以达到预期的破坏力，就足以震慑敌人。制造光刻机和核弹的难点及战略意义都有所不同，因此无法轻易给出结论，到底哪一个更难。

4.2.3 为什么最好的光刻机来自荷兰，而不是美国

在 20 世纪 70 年代初，荷兰飞利浦研发实验室的工程师制造了一台机器——一台试图像印钞票一样合法赚钱的机器。但他们当时并没有意识到自己创造了一个"怪物"，这台机器在未来的 20 年里除了吞噬金钱，没有做任何事情。

——瑞尼·雷吉梅克

了不起的芯片

在过去的几十年中，美国在半导体行业一直都处于霸主地位，但为什么美国没有一家光刻机顶级企业呢？在一个盛产风车和郁金香的国家，成立初期只有三十几个人的 ASML 是如何崛起的？这一切，要从半导体发展的三个历史阶段说起。

第一个阶段是二十世纪六七十年代，也就是光刻机发展的早期阶段，美国是走在世界前列的，那时还没有 ASML，集成电路也刚刚发明不久。

在集成电路发明之初，光刻工艺还在微米级别，工艺步骤也比现在简单很多。况且光刻机的基本原理像皮影戏一样简单，即把光源发出的光透过掩膜版，再把掩膜版上的电路印在涂有光刻胶的晶圆上。因此，在那个对工艺要求并不高的年代，光刻机也并不是什么"卡脖子"的技术。很多半导体公司通常自己用镜头设计光刻工具，只有西门子、GCA、Kasper Instruments 和 Kulicke＆Soffa 等少数几家公司涉足这个领域，尼康和佳能也是在这个时候开始为美国 GCA 公司生产配套光学镜头的。光刻机在当时甚至不如照相机的结构复杂，尼康在与 GCA 合作的过程中学到了不少光刻方面的技术，再加之日本国内半导体的潜在市场需求，1969 年，尼康开发了第一台光中继器，光中继器是晶圆步进机的前身。此后，尼康相继开发了光学测距设备、刻线机等。这些设备的技术积累都为光刻机打下了坚实基础。

1970 年，佳能（Canon）发布了日本半导体历史上首台光刻机——PPC-1，如图 4-9 所示。至此，佳能正式宣布进军半导体领域。

同年，Kasper Instruments 公司首先推出了接触式对齐机台，Kulicke＆Soffa 推出了第一台自动掩模对准仪 Micralign。1971 年，Kasper 的几名工程师成立了一家新公司 Cobilt，他们做出了芯片光刻自动生产线，但接触式对齐机台后来被接近式对齐机台淘汰，因为掩膜和光刻胶多次碰到一起太容易被污染了。

1972 年，Computervision 收购 Cobilt，并将接触式掩膜自动对准系统整合进 Cobilt。

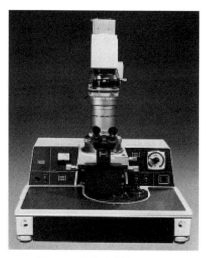

图 4-9　佳能光刻机 PPC-1

1973 年，拿到美国军方投资的 PerkinElmer 公司推出了投影式光刻系统，这也是世界首台投影式光刻机。由于搭配正性光刻胶非常好用而且良率颇高，因此投影式光刻机迅速占领了市场。

1974 年，德国的 Süss 公司发明了双面掩模对准系统（Double-sided Mask Aligner）。次年，Süss 推出双面掩模对准仪 MJB55。

1975 年，佳能推出了日本第一台接近式掩模对准器 PLA-500。

1978 年，GCA 推出了具有划时代意义的步进式（Direct Step to Wafer）光刻机 DSW4800。该机器使用波长 435.8 纳米的 g 线作为曝光光源，镜头是卡尔蔡司的 S-Planar 10/0.28。DSW 光刻机的分辨率可达 1 微米，可以将电路刻到 100 毫米见方的区域，如图 4-10 所示。此台光刻机在当时的价格为每台 45

了不起的芯片

万美元，在那个年代说是天价也并不过分。相比于接触式和接近式光刻机，步进式光刻机造成的污染小、良率高。因此，当时很多半导体公司（如西门子、IBM、美国国家半导体等）都成了 GCA 的客户，这也让 GCA 蚕食了 PerkinElmer 的市场。

1次可曝光范围

图 4-10　DSW 光刻机的分辨率

纵观二十世纪六七十年代，光刻机市场依然处于不成熟的阶段，主要由美国主导，日本的尼康和佳能才刚刚崭露头角。而在平静之后，即将迎来整个行业的狂风暴雨。

第二个阶段是二十世纪八九十年代，半导体产业进行了第一次转移。美国开始将一些装配产业向日本转移，以此扶植日本，而日本也抓住了机会，在半导体领域趁势崛起。在 20 世纪 90 年代前后，日本的半导体产业超过美国，成为全球第一，高峰时期占据了全球超过 60%的市场份额，出口额全球第一。

1980 年 2 月，尼康推出日本首个商用步进式光刻机 NSR-1010G，如图 4-11 所示。NSR-1010G 光刻机凭借其先进的技术和良好的性能得到了众多客户的青睐，获得了相当不错的出货量。短短几年，尼康就追上了昔日的光刻机大国美国，与曾经的行业主导者 GCA 平起平坐，拿下三成市场份额。在那个芯片工艺制程还停留在微米级的时代，光刻机行业蓬勃发展，百花齐放。而尼康凭借着相机时期的积累，在日本半导体产业全面崛起的年代，逐步成长为当之无愧的巨头。

图 4-11　尼康 NSR-1010G 光刻机

对光刻机来说，想要得到更小的曝光尺寸，就需要波长更短的光源。而在 20 世纪 90 年代，光刻机的光源波长一度被卡死在 193 纳米，摩尔定律也因此遇到了危机，这是整个半导体产业面临的一大难关。尼康虽然是当时的光刻机巨头，但它后来的衰落也是非常戏剧化的。

若要降低光的波长，从光源出发是根本方法。当时业界的焦点是 157 纳米 F2 激光，但 157 纳米光源在技术上也遇到了重重问题，而且对资金和人力的投入是非常巨大的。

此时，华裔科学家林本坚想出了一个解决问题的办法：既然 157 纳米光

了不起的芯片

源难以攻克，不如从现有的 193 纳米光源入手，光由真空入水，水的折射率会改变光的波长——在透镜和硅片之间加一层水或者其他折射率合适的液体，原有的 193 纳米激光经过折射，不就可以直接越过了 157 纳米的天堑，降低到 132 纳米了吗？！

天才之所以称为天才，或许是因为他总能用最简单的办法解决最难的问题。但科学界的奇才不一定在商业界获得成功，林本坚拿着这项"浸润式微影技术"跑遍了美国、德国、日本等国家，游说各家半导体巨头，均遭到了拒绝。当时各大光刻机厂商在传统干式微影上的投入巨大，不愿意冒着风险押注浸润式微影技术。于是在夹缝中生存的 ASML 决定破釜沉舟、奋力一搏。仅用一年时间，在 2004 年 ASML 就拼全力赶出了第一台光刻机样机，并先后夺下 IBM 和台积电等大客户的订单，在技术上实现弯道超车，公司发展也由此步入快车道。

第三个阶段是千禧年前后开始的。1997 年，美国能源部和英特尔牵头成立了 EUV LLC（Extreme Ultra Violet Limited Liability Company）联盟。联盟中的其他成员都是显赫一时的巨头，包括摩托罗拉、AMD、IBM，以及美国三大国家实验室：劳伦斯利弗莫尔国家实验室、桑迪亚国家实验室和劳伦斯伯克利实验室。这些实验室的研究覆盖物理、化学、制造业、半导体产业等各种前沿方向，成果包括核武器、超级计算机、国家点火装置，甚至二十多种新发现的化学元素。可以说，这些实验室共同谱写了美国科技发展史。

科技巨头云集，加上国家的资金扶持，EUV LLC 联盟准备撸起袖子大干一场，但联盟中还缺少一家光刻机公司。纵观美国国内的光刻机公司，早已在 20 世纪 80 年代与日本的竞争中惨败并一蹶不振，因此这些公司并不是理想的扶植对象。但想掌握科技霸权的美国并不希望其他国家的企业参与进来，更何况是二十世纪八九十年代在半导体领域让美国颜面尽失的日本。

EUV 光刻机作为工业皇冠上的明珠，其内部零件既需要最前沿科技的支撑，也需要最先进的工业产品作为配套。因此，无论是在当时还是现在，美国想要凭借一己之力实现自主突破 EUV 光刻技术，都比登天还难！

相比曾经让美国吃尽苦头的日本，荷兰似乎是更好的合作伙伴。最后，ASML 同意在美国建立一家工厂和一个研发中心，以此满足所有美国本土的产能需求。此外，ASML 还保证 55%的零部件均从美国供应商处采购，并接受定期审查。可以说，这家荷兰公司已经被深深地打上了美国的烙印，这也是美国能禁止荷兰的光刻机出口中国的根本原因。

在 ASML 加入后的几年时间里，EUV LLC 联盟在 EUV 光刻技术研究进展迅速。搭上 EUV LLC 联盟这列快车的 ASML，也逐渐与尼康、佳能等日本光刻机企业拉开了距离。当时，英特尔为了防止核心设备供应商一家独大，直到研发 22 纳米工艺的芯片时，还一直采购 ASML 和尼康两家的光刻机。但半导体行业的玩法就是赢家通吃一切，为了延续摩尔定律，英特尔最后彻底站到了 ASML 这边，这个选择也让尼康这个堪称百年光学传奇的企业在光刻机领域彻底退居二线。

而佳能在光刻机领域一直没有争过第一，当年它靠数码相机称霸世界，利润可观，对一年销量只有上百台的光刻机根本不够重视。此后，英特尔连同三星和台积电，斥巨资先后入股 ASML，以此获得优先供货权。至此，英特尔、三星、台积电和 ASML 结成紧密的利益共同体。

2010 年，ASML 将第一台 EUV 光刻原型机——NXE:3100 运送给韩国三星的研究机构作为研究设备，标志着光刻技术新纪元的开始。2013 年，ASML 收购了位于美国圣地亚哥的光源制造商 Cymer，发布了第二代 EUV 光刻机

NXE:3300。2015 年，ASML 发布了第三代 EUV 光刻机 NXE:3350。此后，EUV 光刻技术趋于成熟，在那个制程红利最为丰厚的年代，只要拿到 EUV 光刻机的订单并开设产线，便可将客户和金钱尽收囊中！图 4-12 所示为 ASML 于 2021 年发布的 EUV 光刻机 NXE:3600D。

图 4-12　EUV 光刻机 NXE:3600D

　　ASML 是美日半导体争夺战的获利者，而它的成功也离不开整个西方最先进的工业体系的支撑。ASML 的故事充满了传奇的色彩，外人看似偶然的成功，在 ASML 天才工程师的眼中或许是必然。

4.3　芯片中的 5 纳米、3 纳米到底指什么

　　如果有人问芯片工艺的中的 5 纳米、3 纳米指什么？那么我相信很多人能给出答案：晶体管导电沟道的长度或者栅极宽度。或者很多人还知道：当前的 5 纳米、3 纳米只是等效工艺节点，而非真正的沟长或者栅宽。

　　如果进一步探究这个问题：当前 5 纳米工艺真正的导电沟长或者栅宽是

多少呢？恐怕很多人就回答不出来了。不卖关子了，回看表 1-2，IEEE 给出的半导体工艺制程路线图数据是比较可信的。从中我们可以看到不同时间对应的工艺节点，表中对工艺节点的英文描述值得玩味，它没有用"逻辑工艺制程节点"，而是用"逻辑工艺制程代号"。可以说，"代号"准确表达了工艺命名的现状。

从表 1-2 中可以看到，5 纳米工艺节点对应的晶体管导电沟道长度为 18 纳米，3 纳米对应 16 纳米，2.1 纳米对应 14 纳米，1.5 纳米、1.0 纳米、0.7 纳米均对应 12 纳米。十几纳米的尺度短沟道效应可以用多种手段来克服，而量子隧穿效应并不明显。所以说，按照现在的命名方式，芯片工艺突破 1 纳米也不足为奇！

事实上，从集成电路发明以来，工艺节点的定义也在不断发生变化。从最初的 Gate Length 到现在，几乎抛弃了各种真实参数，如"Gate Length""Half Pitch""Fin Pitch"等。虽然当前的工艺命名背离了真实的工艺，但对台积电、三星等商业公司来说，显然从工艺命名上获得了巨大的商业利益和成功。

半导体产业链中的各个环节是非常紧密的，现阶段全球的半导体巨头也组成了一个庞大的利益共同体。"工欲善其事，必先利其器"，光刻机是半导体制造中最重要的设备，是否拥有光刻机决定了一家芯片制造厂的工艺上限。一台最先进的 EUV 光刻机价值近 10 亿元人民币甚至更多，而研发 EUV 光刻机所需的投入更是天文数字。除了 ASML，有能力制造光刻机的公司还有两家——尼康和佳能，但这两家都因为 EUV 光刻机投入成本太高而放弃研发。

极紫外光线的能量和破坏性都极高，光刻机内的所有零件、材料都在挑战人类工艺的极限。比如，因为空气分子会干扰 EUV 光线，所以生产过程要在真空环境中进行，并且机械动作需要精确到误差仅以皮秒计。"如果我们交

了不起的芯片

不出 EUV 光刻机，摩尔定律就会从此停止"，ASML 总裁兼首席执行官温彼得（Peter Wennink）曾说。因此在 2016 年，才会出现让 ASML 声名大噪的惊天交易：互为竞争的三大巨头——英特尔、台积电、三星竟联袂为 ASML 投资 41 亿、8.38 亿、5.03 亿欧元。反过来，台积电也可以从 ASML 订购 EUV 光刻机，以便研发新工艺和扩充产能。

说到台积电每一代光刻机中最先进的工艺，总少不了一位特殊的客户，那就是苹果。5 纳米、3 纳米，甚至是 2 纳米技术都是由苹果和台积电共同研发的，因此苹果在台积电先进工艺的产能中拥有牢不可破的地位，并将在一段时间内独占业界最先进的工艺，吃尽制程红利。同时，苹果也是台积电最大的客户，2021 年为台积电贡献了 782.8 亿元人民币的营收。

在 2021 年 10 月的三星代工论坛大会上，三星披露了最新的工艺进展和路线图，如图 4-13 所示。三星代工市场执行副总裁 MoonSoo Kang 透露，2 纳米工艺会在 2025 年实现量产。随着 FinFET 晶体管的结构潜力被挖掘殆尽，未来 3 纳米和 2 纳米工艺将采用 GAA 晶体管及 2.5D/3D 堆叠技术，以实现更好的沟道控制，同时降低功耗。

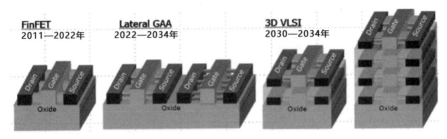

图 4-13　工艺进展和路线

我们再回归到工艺制程的原始定义，即芯片工艺中的 5 纳米、3 纳米指的是晶体管导电沟道的长度，通常也可以说是晶体管的栅极宽度。制程工艺的提升可以带来更高的晶体管密度、更强的性能，以及更低的功耗。性能好意味着在一定的时间可以做更多的事，体现在处理器中就是实现更多的运算。

我们可以将半导体晶体管每次 0、1 变化视为一次运算。晶体管剖面结构如图 4-14 所示，其导电沟道 L 越长，左右两个 n+区域相距越远，它们直接连通一次的时间就越长。这就好比一个人在 10 分钟内往返游泳 25 米的次数肯定比往返游泳 50 米的次数多。导电沟道越短，晶体管状态变化一次所需的时间就越短，单位时间内的工作次数越多，多个晶体管在单位时间内可做的运算自然就更多。这体现在宏观角度上就是频率的提升，所以工艺制程的进步会带来性能的提升。此外，在相同的芯片面积下，采用更先进的工艺可以容纳更多的晶体管，增加处理器的核心数，为架构设计带来更好的灵活性以及更高的上限，芯片性能更佳。

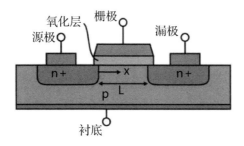

图 4-14　晶体管剖面结构

在功耗方面，导电沟道的导通是通过在源极（Source）和漏极（Drain）施加电压来实现的。导电沟道越长，使导电沟道导通所需的电压就越高；导电沟道越窄，所需的电压就越低，从而降低功率。功耗和性能本身是两个互相矛盾又统一的参数，功耗的降低能给性能带来更大的空间。

做芯片是在性能、功耗、面积和成本之间寻求平衡的艺术。如果工艺制程的提升能让芯片在这几个方面都更进一步，那么在工艺上投入大量的研发资金也是可以理解的。对于半导体制造公司来说，工艺就意味着市场、金钱和主导产业的能力！

4.4 More Moore 与 More Than Moore

在摩尔定律提出之后的 50 年里，晶体管密度的提升相当稳健。但随着晶体管的关键尺寸下探到 20 纳米以下，摩尔定律开始呈现放缓的趋势。为了延续摩尔定律，或者说为了延续芯片的性能，More Moore 和 More Than Moore 的概念开始走向业界的舞台。

More Moore 可翻译为"延续摩尔""后摩尔"或"深度摩尔"，其核心含义是继续缩小晶体管的关键尺寸，进而提高单位面积或体积内的晶体管密度和性能。随着晶体管关键尺寸接近原子尺度，短沟道效应和量子遂穿效应愈发明显，所以引入了等效尺寸的概念。等效尺寸有两个发展方向：一方面是在几何维度缩小尺寸，如 3D 结构的芯片；另一方面是非几何维度的演进，比如用新的半导体材料来提高芯片电性能或者降低功耗等。

More Than Moore 可翻译为"超越摩尔"，其核心理念是打破"以提高工艺制程来提高性能"的传统路线，在其他方面寻求突破，达到提升系统性能的目的。比如，在一个电子系统（如手机）中，不仅有处理器，还有射频模块、通信模块、传感器、功率控制模块等，将这些模块从系统板级迁移到处理器所在的 SoC 中，可以在一定程度上提高整个系统的性能。超越摩尔这一理念为芯片的整个系统添加了新功能，更注重交互。比如，传感器可以接收来自人和自然界的信息，将这些信息交由处理器进行处理，再输出。

在半导体的发展过程中，业界逐渐认识到："延续摩尔"和"超越摩尔"不应被视为相互竞争或者相互替代的技术，而应被视为互补的技术选择，将两者结合起来可以创造出更有价值的系统。二者的关系如图 4-15 所示。

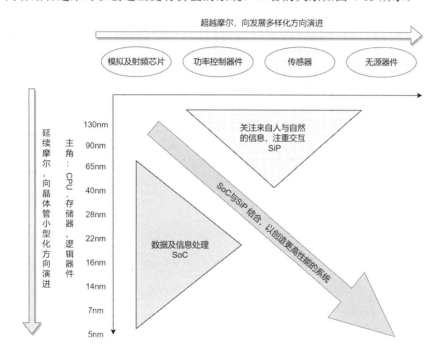

图 4-15　延续摩尔和超越摩尔的关系

在延续摩尔和超越摩尔的发展路径之外，还有一条路径是"Beyond CMOS"，是指寻求一种新材料或者新结构的晶体管开关来替代 CMOS，它应该具有更快的开关速度、更低的功耗、足够的稳定性，适用于大规模制造等。

摩尔定律的放缓并不能阻止从业者对芯片性能的痴迷，正是这种痴迷将芯片的算力推上一个又一个巅峰。然而，科学家和工程师的目标并不是珠穆朗玛峰，而是星辰大海！

4.5　本章小结

芯片制造是一项伟大的工程，本章主要介绍了芯片制造的步骤和主要工序，同时从多个角度解析制造过程中最重要的设备——光刻机，包括光刻机的分类、工作原理、历史发展及主要零部件等。

本章对芯片领域经常涉及的概念也做了深入的探讨，包括芯片工艺制程的本质、不同工艺晶体管的异同，以及延续摩尔、超越摩尔定律等。在国内芯片行业发展如火如荼的背景下，相比设计，制造更应该被重视。可以说，制造之路仍然任重道远！

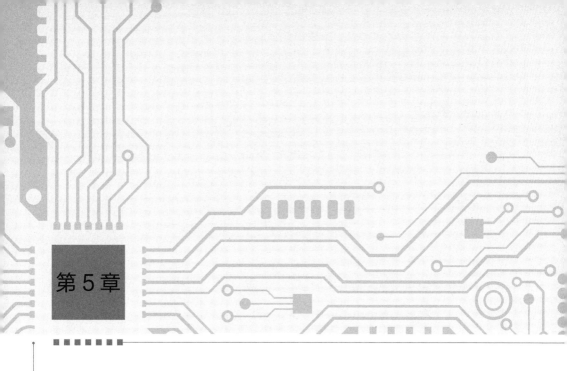

第 5 章

慎终亦如始——芯片封装与测试

晶圆在从制造厂出厂前会被进行特定测试结构的电性参数测试，称为晶圆可接受度测试（Wafer Acceptance Test，WAT）。WAT 的测试结果可作为晶圆交付的质量凭证，符合要求的晶圆将被送往封测厂。芯片的封装与测试通常会在一家公司内进行，这是芯片出厂前的最后两道工序，封装测试结束后得到的就是我们日常见到的芯片。在全球半导体产业高度垂直分工的背景下，封装与测试也是半导体产业链不可或缺的一部分。

5.1　花样百出的芯片封装类型

封装（Package），是指把晶圆上切下来的裸片装配为芯片最终产品的过程。简单地说，就是把制造厂生产出来的集成电路裸片放在一块起到承载作用的

了不起的芯片

基板上，引出管脚，然后固定包装为一个整体。作为动词，"封装"强调的是安放、固定、密封、引线的过程和动作；作为名词，"封装"强调的是封装的形式、类别、基底、外壳、引线材料，主要起到保护芯片、增强电热性能、方便整机装配的重要作用。

随着集成电路的发展，封装也在不断进步。从封装结构的角度看，封装经历了同轴封装（Transistor Outline Package，TOP）、双列直插式封装（Dual Inline-pin Package，DIP）、塑封引线芯片封装（Plastic Leaded Chip Carrier，PLCC）、方型扁平引脚式封装（Quad Flat Package，QFP）、球状引脚栅格阵列封装（Ball Grid Array，BGA）、芯片级封装（Chip Scale Package，CSP）、晶圆级封装（Wafer Level Package，WLP）、多芯片模块封装（Multi Chip Module，MCM）、封装体堆叠（Package on Package，PoP）、系统级封装（System in Package，SiP）的历程。从封装材料的角度看，封装经历了从金属、陶瓷、塑料到复合材料的发展，向着更小、更轻、更薄的目标迈进。引脚的形状也由长引线直插、短引线或无引线贴装演进到球状凸点，使得信号在引脚上的延迟越来越小。

迄今为止，封装的种类多达上百种，封装的发展也是集成电路发展史的一个缩影，封装过程处处体现着芯片的艺术。下面介绍几种常见的封装类型。

1. 双列直插式封装

采用 DIP 封装的芯片一般呈长方形，在其两侧有两排平行的引脚，可以通过通孔插装在芯片插座或者直接焊接在电路板上，如图 5-1 所示。DIP 封装在二十世纪七八十年代非常流行，英特尔经典的 4004、8086、8088 等处理器都采用 DIP 封装。

图 5-1 采用 DIP 封装的 4004 处理器

DIP 封装的优点是适合在具有芯片插槽的系统中直接插拔，同时方便在 PCB 上穿孔焊接，易于对 PCB 进行布线；缺点是封装面积较大，封装效率低。业界会用裸片面积和封装面积的比值来衡量封装工艺的先进与否，比值越接近 1，表示封装越先进，封装效率越高。

2. 方型扁平引脚式封装

QFP 封装是表面贴装型的封装形式之一，引脚从四个侧面引出，呈海鸥翼（L）型，如图 5-2 所示。采用 QFP 封装的芯片引脚数一般在 100 个以上。QFP 封装的基材有陶瓷、金属和塑料三种，其中，塑料封装占绝大部分。QFP 封装形式常见于模拟电路或混合电路的控制处理芯片，由于需要预封装并占用额外的面积，因此一般在大功率系统级封装集成中使用，以确保这些功能芯片具有良好的测试性能和可靠性。

图 5-2 采用 QFP 封装的芯片

3. 球状引脚栅格阵列封装

BGA 封装属于表面贴装型封装，外形较容易辨别，外引线为焊球或焊凸点，成阵列形式分布于封装基板的底部平面上，如图 5-3 所示。这种引线形式可以大幅增加引脚的数量，最多可支持 1000 个引脚。根据基板的不同，BGA 封装可分为塑料（Plastic）BGA 封装、陶瓷（Ceramic）BGA 封装、载带（Tape）BGA 封装。BGA 封装具有成品率高、引脚间距大、引线短、电性能参数佳、封装密度高、散热性好等优点。

BGA 封装出现在 20 世纪 90 年代，直到今天依然被广泛使用，是 CPU 等高密度、高性能、多功能及多输入/输出引脚封装的最佳选择。

图 5-3　采用 BGA 封装的芯片

4. 芯片级封装

CSP 封装和 BGA 封装出现在同一时期，CSP 封装也可以被看作缩小版的 BGA 封装。业界对 CSP 封装的要求是封装面积与裸片面积之比小于 1.2，外形更轻薄。CSP 封装在智能手机等电子设备中应用广泛。

5. 多芯片模块封装

MCM 封装是指将两个或多个裸片同其他元器件组装在同一块多层互连

基板上,通过水平 2D 互连,然后进行封装,从而形成系统级的高密度和高可靠性的微电子组件,如图 5-4 所示。MCM 技术起源于 20 世纪 80 年代,IBM、富士通、NEC 与日立等公司先后发明了高度复杂的 MCM 技术。

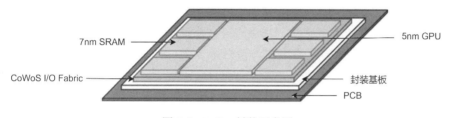

图 5-4　MCM 封装示意图

6. 系统级封装

SiP 封装是指将不同功能的裸芯片(包括 CPU、GPU、存储器等)集成在一个封装体内,从而实现一个完整的芯片系统。与 MCM 相比,SiP 的侧重点之一在于系统,采用 SiP 封装的芯片能够完成独立的系统功能。除此之外,SiP 还是一种集成概念,而非固定的封装结构,它可以是 2D 封装结构、2.5D 封装结构及 3D 封装结构。我们可以根据需要采用不同的芯片排列方式与不同的内部互连技术搭配,从而实现不同的系统功能。一个典型的 SiP 封装芯片如图 5-5 所示。

图 5-5　采用 SiP 封装的芯片

SiP 封装可以有效地解决芯片工艺不同和材料不同带来的集成问题，使设计和工艺制程具有较好的灵活性。采用 SiP 封装的芯片集成度高，能减少芯片的重复封装次数，降低布局与排线的难度，缩短研发周期。从封装本身的角度看，SiP 封装可以有效地缩小芯片系统的体积，提升产品性能，尤其适合用在消费类电子产品中。因此，SiP 封装越来越被市场重视，也成为未来热门的封装技术发展方向之一。

5.2　封装新贵——2.5D 封装和 3D 封装

在封装行业，2.5D 封装和 3D 封装都属于先进封装。先进封装的出现得益于基础概念及理论的发展，如 20 世纪 80 年代出现的硅通孔（Through Silicon Via，TSV）技术、MCM 技术等；20 世纪 90 年代，裸片堆叠开始走向业界的视野；如今，2.5D 封装和 3D 封装已成为超越摩尔的重要技术方向之一。

2.5D 封装与 2D 的 MCM 封装的不同点在于，封装基板和裸片之间增加了一个中介层（Interposer）。芯片并排放在中介层上，中介层一般采用硅作为材料，内部设计了硅通孔，用于连接上下的金属层。中介层的存在可以克服 2D SiP 封装中基板难以实现高密度布线，进而限制封装裸片数量的问题。中介层通过锡球被焊接到封装基板上。TSV 技术很好地解决了不同裸片之间、裸片与基板之间的互连问题，TSV 也是 2.5D 封装解决方案的关键实现技术。打个比方，在一片区域内有多个建筑物，每个建筑物都要设计多条路通往其他建筑物，如果把所有的路都设计在地面上，不仅会非常拥挤，而且难以设计。2.5D 封装的思想是可以在每个建筑物下方挖地下通道，使得各个建筑物

在地下实现互连互通，从而解决在同一平面上道路设计拥挤堵塞的问题。2.5D
封装结构如图 5-6 所示。

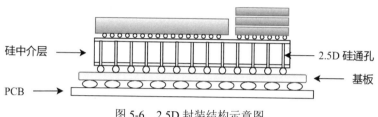

硅中介层 ← 2.5D 硅通孔
基板
PCB →

图 5-6　2.5D 封装结构示意图

2.5D 封装技术的关键优势是更合理地利用了芯片空间，TSV 技术可以缩
短不同裸片间的信号延迟，从而实现更快的运行速度、更高的性价比，在成
本、性能和可靠性等方面取得了较好的平衡。

3D 封装比 2.5D 封装更加强调裸片的堆叠，在垂直方向上放置了更多裸
片，整体结构更加立体。3D 芯片的定义比较宽泛，广义上，只要是两个任何
功能的裸片叠在一起即可称为 3D 封装，而不同类型的 3D 封装在设计难度上
差别也较大。图 5-7 是一个典型的 3D 封装的例子，三个高带宽内存（High
Bandwidth Memory，HBM）及一个逻辑裸片在垂直方向进行堆叠，并与 CPU、
I/O 裸片、FPGA 等单元通过中介层实现互连。

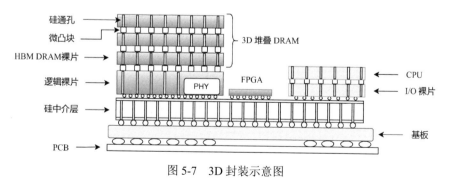

硅通孔 →
微凸块 →　　　　　　　　　 ⎫ 3D 堆叠 DRAM
HBM DRAM 裸片 →
逻辑裸片 →　 PHY　 FPGA　　　　　　← CPU
　　　　　　　　　　　　　　　　　 ← I/O 裸片
硅中介层 →
　　　　　　　　　　　　　　　　　← 基板
PCB →

图 5-7　3D 封装示意图

相比于 2D 封装，3D 封装拥有更高的集成度，不仅节省了整个系统的面积，而且缩短了芯片间互连的距离。但是 3D 封装的设计难度较大，多个裸片产生的热量更多，不易散热，因此容易影响可靠性等。

先进封装将是未来中高端芯片的主流选择，2.5D 封装和 3D 封装并不是互斥的关系，而是在不同的需求和场景下为客户提供更合适的封装方案，从而实现封装收益的最大化。

5.3 芯片是如何进行出厂测试的

在过去的大半个世纪，集成电路的规模是遵循摩尔定律呈指数级增长的。1971 年，英特尔推出全球首款可程序化微处理器 4004，其中包含 2250 个晶体管，测试起来相当简单。而如今，大规模 SoC 芯片内部的晶体管数量动辄几十亿甚至上百亿个，为测试带来了极大的挑战。同时，测试费用在芯片整个开发流程中所占的比例也在不断攀升，测试已经成为芯片生产的重要环节之一。

5.3.1 芯片测试概述

芯片测试分为两个阶段，一个是晶圆级测试，也称 CP（Chip Probing）测试；另一个是最终测试，也称 FT（Final Test）测试，是指把芯片封装好再进行测试。

晶圆级测试的目的是在封装前就把坏的芯片筛选出来，以节省封装的成本，同时可以更直观地确定晶圆的良率。晶圆级测试可用于检查芯片制造厂的工艺制造水平。对于成熟工艺，很多公司会省略晶圆级测试，以降低成本。

是否要做晶圆级测试，要综合考量封装成本、晶圆测试成本、工艺成熟度，以及人力资源等因素。

如图 5-8 所示，左侧的每一个方格都可以代表一块未封装的芯片裸片，裸片越靠近边缘位置，芯片出问题的概率越大，右侧是电子显微镜下有缺陷的裸片的微观影像。

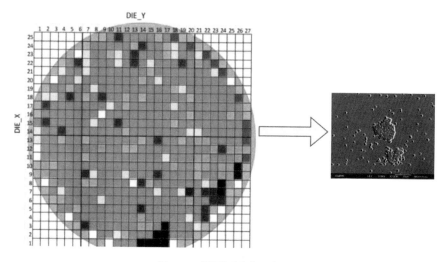

图 5-8　晶圆级测试示意图

随着芯片规模越来越大，测试也更为复杂，因此自动测试设备（Automatic Test Equipment，ATE）应运而生。目前，国际上顶级的自动测试设备公司主要有泰瑞达（Teradyne）和爱德万（Advantest），国内的知名公司长川科技、华峰测控等。美国国家仪器（National Instruments）也是自动测试设备的主流供应商之一，并且很多中小规模公司都在使用美国国家仪器的设备。

自动测试设备集成了众多高精密仪器，价格自然不菲。图 5-9 所示是一台泰瑞达的高端测试设备 UltraFLEX^{plus}，其价格高达上千万美元！

图 5-9　泰瑞达 UltraFLEX^{plus} 测试机

5.3.2　芯片测试分类

芯片测试过程可以简单分为四类：直流参数测试、数字功能测试、内建自测试、模数/数模混合测试。除以上四类外，还可以根据芯片的不同情况进行定制化测试。

1. 直流参数测试

直流参数测试（DC Parameters Test）主要包含以下测试项。

（1）连续性测试（Continuity Test），又称开短路（Open Short）测试。

（2）漏电流测试（Leakage Test）。

（3）供电测试（Power Supply Current Test）。

（4）电源测试（LDO、DCDC）。

（5）其余电压及电流参数测试。

芯片的开短路测试原理如图 5-10 所示，其目的是检查芯片的引脚本身以及引脚和机台的连接是否完好。其余的测试都用于检查 DC 电气参数是否在一定的范围内。

被测器件（Device Under Test，DUT）的引脚上挂有上下两个保护二极管，根据二极管单向导通及截止电压的特性，首先对其拉或者灌电流，然后测试电压是否在设定的上下限范围内，以此来判定被测器件是否完好。整个过程是由 ATE 中的仪器——引脚电路单元（Pin Electronics）来完成的。

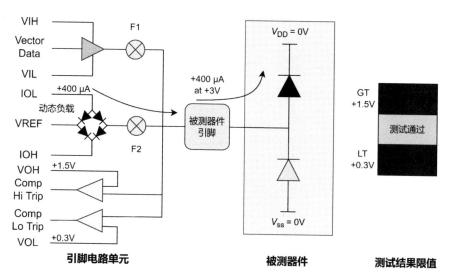

图 5-10　开短路测试示意图

2. 数字功能测试

数字功能测试（Digital Functional Test）主要是由测试向量（Pattern）完成的，测试向量是由芯片设计公司的可测性设计（DFT）工程师使用 EDA 工具生成的。数字功能测试的基本原理是对芯片的输入引脚施加测试激励，然后在输出引脚捕捉输出，再将输出结果与正确功能的期望值进行比较，判断芯片的功能是否完好，如图 5-11 所示。在整个过程中，芯片相当于一个黑盒子，我们只能通过引脚来做测试，这也是自动测试设备最强大的功能之一。

与功能测试相对应的是结构测试，包括扫描测试（Scan Test）、边界扫描测试（Boundary Scan Test）等。测试向量是根据芯片制造过程中产生的缺陷、抽象出的故障模型而产生的。结构测试能够显著提高覆盖率，但所产生的测试向量及花费的时间也更多。

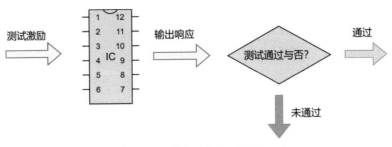

图 5-11　数字功能测试流程

3. 内建自测试

内建自测试（Build-in-Self-Test），是指在设计电路中植入相关功能的电路，用于提供自我测试的功能，以此降低器件测试对 ATE 的依赖程度，详见 8.2.3 节。

除功能外，时序也是芯片非常重要的一部分，内建自测试包含建立时间、保持时间及传输延迟等时序检查。

4. 模数/数模混合测试

模数/数模混合测试（ADC/DAC Test）的主要目标是检查信号经过 ADC/DAC 转换模块后，信号质量是否符合预期。其中涉及的信号理论知识比较多，主要包括静态测试（Static Test）和动态测试（Dynamic Test），根据不同的测试方法学来保证芯片的模数、数模转换功能完好。

除了以上的常规测试项，根据芯片的类型不同，可能还会进行不同的测试，如 RF 测试，SerDes 高速测试、eFuse 测试等。

上述的所有测试项都是在自动测试设备上执行的，一般会执行几秒到几分钟。自动测试设备通常是根据使用时长来付费的，很少有像海思、苹果等资金充足的公司能够一次购买数十台自动测试设备，所以缩短测试时间变得尤其重要！另外，芯片在量产测试时，一般要测试百万或者千万颗芯片，如果每颗芯片节省 1 秒，总体缩短的时间还是很可观的。

5.3.3　芯片测试流程

在开始测试之前，当然要有自动测试设备，晶圆级测试需要使用探针卡（Probe Card）作为晶圆和自动测试设备之间的接口，如图 5-12 所示。

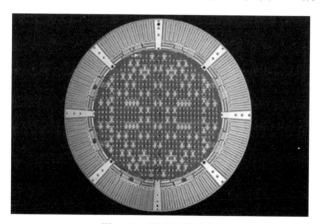

图 5-12　测试用探针卡

对封装好的芯片进行最终测试时，要用到测试负载板（Load Board，又叫DUT Board），如图 5-13 所示。测试负载板是连接测试设备与被测芯片的机械及电路接口。

芯片设计公司负责提供芯片设计规格书（Data Sheet），并制订测试计划（Test Plan），如图 5-14 所示，然后用软件来开发测试程序，建立测试项。

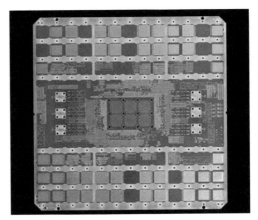

图 5-13　测试负载板

Test plan for XXX Device

Test#	Description	Binning
	Basic Function Test	
	VIL=0.7V, VOH=2.0V	
	VOL=0.45V, VOH=2.4V	
	Speed=1MHz	
	Pattern Used: Func1_pat	
30	At Vccnom	10 FAIL
40	At Vccmin	
50	At Vccmax	

Test Description:
The functional tests did a write of 1010 to ports 4-7 follows by a read of 0101 from ports 4-7 at Vcc=min, max and nom.

图 5-14　测试计划

在所有的测试项执行完成后，自动测试设备会输出一个结果（Datalog），用于显示测试通过或者失败，如图 5-15 所示。对于失败的芯片，会根据测试项的不同对其进行分类（Bin），最后由自动分拣机进行分拣。

Number	Site	Result	Test Name	Pin	Channel	Low		Measured		High		Force
200	0	PASS	Conty_par	SD_CLK	59	-900.0000	mV	-488.7283	mV	-300.0000	mV	-100.00
201	0	PASS	Conty_par	NF_CLE	46	-900.0000	mV	-508.8708	mV	-300.0000	mV	-100.00
202	0	PASS	Conty_par	NF_ALE	43	-900.0000	mV	-506.1562	mV	-300.0000	mV	-100.00
203	0	PASS	Conty_par	NF_CEN	171	-900.0000	mV	-509.9219	mV	-300.0000	mV	-100.00
204	0	PASS	Conty_par	NF_REN	168	-900.0000	mV	-512.9520	mV	-300.0000	mV	-100.00
205	0	PASS	Conty_par	RDI_OUT	146	-900.0000	mV	-512.9458	mV	-300.0000	mV	-100.00

图 5-15　测试结果

以上就是芯片在出厂前的完整测试流程，芯片测试在半导体产业链中所处的位置如图 5-16 所示。

图 5-16　芯片测试所处的位置

芯片测试通常在封测厂或者实验室中进行，如图 5-17 所示，这对环境的要求比较高，测试人员在进入封测厂或者实验室前需要戴鞋套、穿静电服等。

图 5-17　封测厂内部环境

在测试芯片时，芯片是通过什么与机台相连的呢？以球状引脚栅格阵列封装为例，我们通常先把芯片放到如图 5-18 所示的测试底座中，再把测试底座放到测试负载板上，接着把测试负载板放在测试机台上。测试负载板很重，可以达到 20—30kg，对工程师来说，将它搬起来真的是一件体力活！

不同大小、不同封装类型的芯片，所需的测试底座也不同，有专门负责做测试底座的厂商。芯片并不是一个一个测试的，这样很浪费时间。一个测

了不起的芯片

试负载板上面支持放多个测试底座，我们称其为 site。在图 5-18 中共 6 个 site，也就是可以同时对 6 个芯片进行测试。

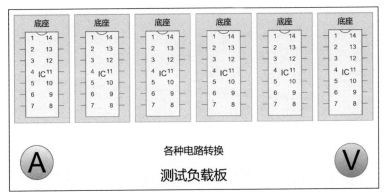

图 5-18　测试负载板及芯片底座示意图

　　在芯片测试时还有另一个问题，一块大规模的芯片包含多种功能，真的要写软件逐个测试功能吗？

　　首先说明一下，芯片的逻辑功能是由 IC 验证工程师来完成的，位于流片之前，并不依赖于测试。芯片测试中的功能测试和结构测试是运行测试向量（Pattern），测试的是在制造过程中的芯片是否有缺陷，从而影响其功能或性能。因此，测试工程师需要关心的是跑通所有的测试向量，如果无法跑通，那么可能需要与可测性设计工程师一起排查并定位问题。

　　其次，测试工程师在编写测试项时，并不是一行一行地写代码。通常，自动测试机台的嵌入式软件会提供测试项的模板，在测试时只需要填写参数就好，但前提是测试工程师必须对此项测试足够了解。此外，针对一些大客户的成熟测试项，也会开发一些测试模板，预留必要的参数接口，以便应用到后续同系列的芯片测试上。

一个完备的芯片测试过程并不是靠芯片测试工程师一个人完成的,还需要设计工程师、可测性设计工程师、可靠性工程师的协助,再加之 EDA 工具、优秀的硬件等多方面的支持。

芯片测试是极其重要的一环,越早发现有缺陷的芯片越好。在芯片领域有一个"十倍定律":从设计到制造,再到封装测试及系统级应用,发现问题每晚一个环节,芯片公司付出的维修成本就将增加十倍!

测试是设计公司尤其重视的一个方面,如果把有功能缺陷的芯片卖给客户,损失是极其惨重的,不仅涉及经济赔偿,还有损声誉。因此,芯片测试的地位非常重要,其成本也越来越高!

在集成电路行业,每一个环节都要十分小心,芯片一次流片的费用少则数百万美元,多则上千万美元,芯片自动测试设备的日使用费用高达几百美元。但一个芯片的利润可能只有几美分。这也是集成电路行业投资周期长、收益低、初期亏损的原因。幸运的是,近年来我国越来越重视芯片产业,期待国内集成电路的发展能越来越好。

5.4　我国的封测现状

我国对芯片封装和测试非常重视,从 2009 年左右开始,西安电子科技大学、哈尔滨工业大学、华中科技大学、北京理工大学等电子强校逐步开设了电子封装技术专业,并源源不断地向社会输送人才。

与半导体产业链中的其他环节相比,封测的技术密集度较低、生态依赖较弱、发展阻力较小,我国在封测领域已经取得了长足的进步。纵观整个产业链,封测是我国与国际先进水平差距最小的环节之一,最直接的表现就是

了不起的芯片

在全球封测企业营收方面，江苏长电、通富微电、天水华天三家企业稳坐排行榜前十。

江苏长电是全球领先的集成电路制造和技术服务提供商，成立于1972年，当时名叫江阴晶体管厂。1989年，第一条集成电路自动化生产线投产，2000年改制为江苏长电科技股份有限公司。2015年，长电收购星科金鹏，一跃成为全球排名前三的封测企业。长电的封测发展始终走在业界前沿，包括WLP封装、2.5D/3D封装、SiP封装、高性能倒装芯片封装和先进的引线键合等技术，可以为汽车电子、移动终端、高性能计算、人工智能、物联网、工业控制等领域提供合适的封测方案。

通富微电成立于1997年10月，总部位于江苏南通，并拥有六大生产基地。其涉及的封装类型非常齐全，囊括了框架类封装、基板类封装和圆片类封装。除此之外，还提供芯片一站式服务，包括设计仿真、圆片中测、成品测试、系统级测试等。

天水华天是我国西部地区最大的集成电路封测基地，其研发生产的集成电路封装产品有QFP、BGA、MCM、SiP、FC、TSV、LED、MEMS等十大类180多个品种，是国内封装产品最多的企业，封装产品广泛应用于工业控制、消费类电子、移动通信等领域。

国内的封测行业除以上三巨头外，还有苏州晶方、沛顿科技（深圳）、华润微封测等封测厂商。它们共同构成了半导体封测集群，客户遍布全球。

国内主要的测试设备商有华峰测控、长川科技、武汉精鸿电子等。其中，在模拟测试机台、混合信号测试、分立器件测试等领域，华峰测控、长川科技已经占据国内相当一部分的市场份额；在存储测试机领域，武汉精鸿已经手握长江存储及合肥长鑫的订单；在SoC测试机领域，国内的测试设备公司也已经在积极布局。

我国在封测领域的成功是行业的一个典范，或许可以为半导体产业链中的其他环节提供借鉴意义。尽管我国封测企业的市场占有率不错，但从利润上看还有较大的提升空间。在未来的发展过程中，要继续保持研发投入，巩固如今的发展成果，进而在先进封测领域保持足够的竞争力。

5.5 军用芯片与商用芯片

在美国接连对中兴和华为发起制裁后，两家企业的多条产品线陷入了瘫痪状态。美国在尝到了短暂的甜头之后，又对多家企业发起了制裁。在此背景下，不少人会担心：美国对中国的科技制裁是否会进一步扩大，影响我国的国防及航天等领域？事实是，如果美国继续全方面遏制中国的芯片产业，那么我国军用芯片和航天所用芯片中的一小部分高端芯片会受到影响，但影响比较有限，难以形成具有规模的冲击。

军用和民用对芯片的要求是完全不一样的。即使是美国，目前其军用芯片制程也大多是 65 纳米等成熟制程的。我们日常用的移动设备追求更高的性能、更低的功耗及价格。芯片的制程越小，手机的功耗就越低，单位面积内容纳的晶体管数量越多，就越能满足我们对手机性能的追求。然而，工艺制程的提升只是芯片性能提升最重要的方面之一。

军用芯片主要有以下特点。

（1）可靠稳定，抗干扰能力强

在符合军用需求的前提下，芯片制程越先进，性能反而越不稳定。比如，5 纳米或者 3 纳米芯片的晶体管之间的距离很短，在太空或者高温等环境下，抗辐射和抗干扰能力相对较差。

（2）对芯片面积及功耗要求不高

对于消费电子类的产品（如手机芯片），我们希望它的体积越来越小，手机芯片体积的越小，越能留出更大的空间，以便丰富手机的设计。军用、航天和工业级的芯片对面积和功耗要求相对不高，所以对工艺的要求也没那么苛刻。

（3）功能专一

如今，手机的功能越来越多，这对芯片也提出了更高的要求。一个手机 SoC 芯片中集成了 CPU、GPU、ISP、基带和射频等模块，集成度非常高。而我们现在所知道的军用芯片大多不需要特别复杂的功能，只需要专攻某一类的应用。

目前，中国的国防和航天等工业级芯片基本可以实现自给自足，不怕任何封锁。比如，我国的北斗卫星导航系统、东风 31A 洲际导弹、歼 20 战斗机等国之重器已经全面采用国产芯片。

未来战争的形态或许会发生变化，比如，无人机的出现会改变战斗理念，可能需要更强大算力的芯片来采集和处理战场信息等。无论如何，希望将来我国的芯片制造能迎头赶上，科技强则军事强，军事强则国强！

5.6　本章小结

本章介绍了半导体产业链的最后两个环节——芯片封装与测试。

封装可以为芯片提供物理上的保护，防止芯片损坏，使不同的裸片之间、裸片与基板之间实现互连，还可以让芯片在尺寸、形状、引脚数量等方面实现标准化。

测试可以筛选出有问题的芯片，避免将坏芯片集成到系统后造成更大的损失。

同时，我们还认识了多种多样的封装类型、先进封装的结构、芯片的测试流程及方法、国内的芯片封测产业现状等。作为半导体产业链必不可少的环节，封测势必会在"后摩尔时代"大显身手，成为行业新宠。

第三篇

中国的"芯"路历程

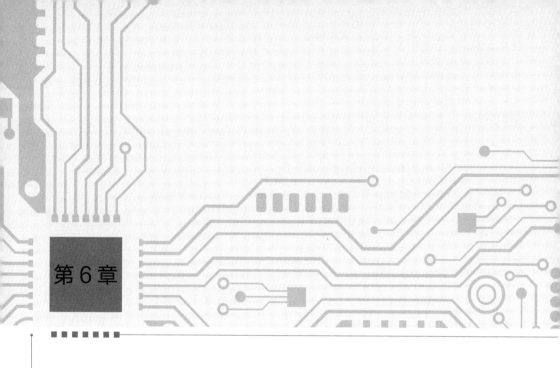

第6章

早期的中国半导体产业

大半个世纪以来，半导体的巨轮随着时代的列车向前滚动，中国作为大国，不应该也绝不能置身事外。事实也正是如此，20 世纪 50 年代初期，半导体的种子开始在中国生根发芽，此时距离世界上第一个晶体管的诞生不过短短几年而已。

6.1　半导体学科的发展

在知乎上有一个问题："中国大陆明明知道芯片不行，几十年前为什么不发展芯片？"这个问题吸引了很多网友的关注，并在这个问题下产生了 2000 条左右的回答。如今我国芯片产业处于被动的局面，的确会使人们好奇：过去几十年，我们在半导体产业方面到底做了哪些努力？

新中国成立初期，百废待兴，当时国际局势动荡，资源有限，保卫国家

了不起的芯片

和人民的安全更应该被放在第一优先级。事实上，即便如此，国家也并没有放弃发展半导体。中华民族是一个非常有韧性且不服输的民族，在自强不息、勤劳勇敢的精神内核的指引下，在半导体领域开启了一场横跨半个多世纪的艰苦卓绝的追赶之旅。

1956 年是我国半导体行业发展进程中一个具有里程碑意义的起点。这一年，国家提出了"向科学进军"的口号，并发布《1956—1967 年科学技术发展远景规划》，正式将半导体列为重要攻关方向之一。其中，有两件事比较值得关注。一是召集一批留学回国的半导体专家在北京大学、复旦大学等重点高校开设半导体专业，培养了很多在业界赫赫有名的毕业生，包括中国科学院院士、北京大学微电子学研究院院长王阳元，中国工程院院士、微电子技术专家许居衍，前电子工业部总工程师、信息产业部电子科技委副主任俞忠钰等。二是由黄昆、谢希德合著的国内第一部半导体领域著作《半导体物理学》诞生，自此，中国的半导体学科已雏形初现。

1960 年 9 月 6 日，中科院在北京成立半导体研究所，同时期取得了一系列不错的成就，包括成功地拉制出硅单晶、砷化镓单晶，以及研制出平面型晶体管等。尽管彼时我国在半导体领域取得了不错的进展，但国际形势严峻，当时的半导体技术主要服务于"两弹一星"计划，还未形成真正的产业，发展较为缓慢。改革开放之初，当我们再次想在半导体领域发力时，日韩半导体的发展已进入快车道，我们与国际先进水平的差距被逐渐拉大。随即国家发起了半导体领域著名的"三大战役"——531 战略、908 工程和 909 工程。

"531 战略"开始于 1986 年由电子工业部在厦门举行的集成电路研讨会上，具体是指"普及 5 微米技术，研发 3 微米技术，攻关 1 微米技术"。

1990 年 8 月，国务院决定在"八五"计划期间（1990—1995 年）推动半导体产业升级，"908 工程"规划出炉，目标是使半导体工艺制造技术达到 1

微米以下。但"908 工程"的进展并不尽如人意,其中,经费审批花费了 2 年的时间,从美国 AT&T 引进 0.9 微米工艺制程花费了 3 年时间,建厂又花了 2 年多的时间,前后共计 7 年多的时间。在那个半导体工艺遵循摩尔定律飞速前进的年代,我们就是在与时间赛跑,输掉比赛的结果就是晶圆产线"投产即落后",难以实现盈利。尽管"908 工程"并没有取得预期的成果,但国家深知半导体产业的重要性。

在随后的 1995 年,"909 工程"作为继任者走向舞台。1997 年,由上海华虹与日本 NEC 共同投资 12 亿美元的上海华虹 NEC 电子有限公司成立,承担超大规模芯片产线的建设任务。但因为缺乏经验,"909 工程"最终也没能挽救国内的半导体颓势,但好在它为进入 21 世纪的半导体行业培养了一批人才。

进入 21 世纪后,中芯国际、展讯通信、龙芯、华为海思等半导体公司相继成立,与此同时,邓中翰、张汝京等大批拥有海外留学及工作经验的半导体人才回国,再加上国内微电子等相关专业的毕业生逐渐增加,国内的半导体产业化之路也由此开启。

在历经近 20 年的平稳发展后,从 2018 年开始,美国接连对中兴和华为发起制裁,随后又把多家中国企业列入实体清单,国内半导体行业受到了一定的冲击,并因此又受到了空前的重视。2020 年 7 月,集成电路被提为一级学科。2021 年,清华大学、北京大学等高校先后成立集成电路学院,瞄准集成电路"卡脖子"难题,聚焦集成电路学科前沿,力争在关键核心技术实现突破,为国家培养相关人才,支撑我国集成电路事业的自主创新发展。

国内半导体学科的建设日趋完善,实现核心科技的独立自主将是未来十年的发展指引。"种一棵树最好的时间是十年前,其次是现在",幸运的是,现在并不是国内半导体行业的至暗时刻,而是我们即将迎来新的曙光。

6.2　早期的光刻机

芯片制造是我国半导体产业链最为薄弱的环节之一，而光刻机是制造阶段最为重要的设备。事实上，我国的光刻技术起步并不晚。1965 年，中科院就已经研制出了 65 型接触式光刻机。20 世纪 70 年代，中科院开始研究计算机辅助光刻掩膜工艺。1972 年，武汉无线电元件三厂编写的《光刻掩模版的制造》为早期的光刻行业提供了参考资料。1978 年，中科院半导体所开始研制 JK-1 型半自动接近式光刻机，并于 1980 年第四季度成功在晶圆上光刻出 3 微米的线条，光刻图形质量优良，其研制报告如图 6-1 所示。

图 6-1　JK-1 型半自动接近式光刻机研制报告

从时间线来看，我国在光刻机领域的研究起步比美国稍晚，与日本几乎同时起步，比韩国早了近十年！1980 年，清华大学研制出第四代分布式投影光刻机，精度高达 3 微米，已经达到了当时的国际一流水平。1985 年，机电部又研制出了分布式光刻机样机。1990 年，由中科院光电承担的 IOE1010G 直接分步重复投影光刻机样机研制成功。1996 年，中科院成都光电所完成了 0.8—1 微米分步重复投影光刻机的研制。

但随后因为国外光刻机包括佳能、尼康、ASML 等引入国内，对国内的光刻机企业造成了冲击。在当时来看，直接引进国外的光刻机的确性价比更高，更符合企业的利益需要。加之 1996 年，以美国为首的众多西方国家签署了旨在限制物资出口的《瓦森纳协定》，对中国等国家禁运高科技产品，导致我国光刻机研发难上加难，自此逐渐陷入落后的局面。2002 年，上海微电子装备（集团）股份有限公司成立，致力于前道光刻机和后道光刻机的研发，并于 2018 年交付可达 90 纳米工艺制程的光刻机。

国内光刻机的发展有一个非常不错的开局，也从未停止技术研发，我们也拥有自主技术的光刻机，只是从未拥有世界领先的光刻机罢了。

6.3 国内芯片制造的领航者——中芯国际

中芯国际是中国大陆芯片制造领域的佼佼者，也是最早落户上海的芯片企业之一。中芯国际得以顺利扎根离不开两个人：一个是张汝京，另一个是江上舟。

张汝京于 1948 年出生于南京，在不到一岁时，他便随父母移居台湾省。张汝京在学校时成绩优异，从台湾大学毕业后，又前往美国深造，并在纽约

了不起的芯片

州立大学布法罗分校和南方卫理公会大学分别获得了硕士和博士学位。毕业后他加入德州仪器，并在此工作 20 年。在德州仪器期间，张汝京先后在美国、新加坡、日本、中国台湾省等地建造并管理近 20 座晶圆工厂，丰富的经验为他在大陆建立晶圆厂打下了坚实的技术基础。1997 年，当时国内"909 工程"正在如火如荼地进行，俞忠钰力邀张汝京加盟，一起建设"909 工程"，但他当时因要务在身，未能成行。1997 年，德州仪器裁掉了张汝京所在的 DRAM 部门，49 岁的张汝京便从德州仪器申请退休，毫不犹豫地回到祖国，投身于国内的半导体产业建设。

江上舟，1947 年出生于福建，1965 年考入清华大学无线电系，毕业后进入云南电信局电信器材厂工作。1978 年，他又回到清华大学无线电系攻读信息专业硕士学位。1979 年，江上舟赴瑞士的苏黎世联邦理工学院学习，于 1987 年获得博士学位。回国后，他便进入原国家经济贸易委员会的外资企业管理局，走入仕途，1997 年被调到上海市经济委员会。当时，浦东新区成立不久，拥有技术背景及敏锐政治嗅觉的江上舟向上海市领导献策"在浦东规划面积 22 平方公里、3 倍于台湾省新竹工业园区的张江微电子开发区"，并建议在 2001 年到 2005 年"十五"计划期间，上海引资 100 亿美元建设 10 条技术水平等于或高于"909 工程"中华虹 NEC 的 8 英寸和 12 英寸集成电路生产线。这些决策影响了上海在全国半导体产业链的地位，并决定了国内半导体的发展走向。

2000 年，张汝京和江上舟相遇，江上舟向时任上海市市长徐匡迪引荐了张汝京，徐匡迪亲自为张汝京选择了厂址。2000 年 8 月 1 日，中芯国际在上海浦东新区张江高科技园区打下第一根桩，同年 12 月，中芯国际集成电路制造（上海）有限公司正式成立。2001 年 9 月，中芯国际的晶圆厂投产，随后东芝、英飞凌、富士通等半导体公司纷纷宣布与中芯国际建立合作，随着客户数的增加，中芯国际开始在北京、天津、武汉等城市建厂。2004 年，中芯国际实现首个年度盈利。2008 年，中芯国际攻克 45 纳米技术。2014 年，中芯国际进入 28 纳米时代，这是中芯国际发展史上一个重要的里程碑，28 纳米也是半导体制程工艺中成熟工艺与先进工艺的分界线。2018 年到 2019 年，14 纳米量产、12 纳米工艺研发也取得了重要的突破，中芯国际在半导体的洪流中马不停蹄地追逐着先进工艺的脚步。截至 2022 年，中芯国际可以向全球客户提供 0.35 微米到 14 纳米不同技术节点的晶圆代工与技术服务，是国内规模最大、工艺最先进的制造企业。

6.4 中国芯片商海先驱

2000 年——世纪之交、千禧之年，对国内芯片来说也是具有重要意义的一年。这一年国家发布了文件《鼓励软件产业和集成电路产业发展的若干政策》，被业内人士称为"18 号文件"。这个文件的重要意义也体现在它让众多远在海外、心系祖国的芯片领域人才决定回国。除了张汝京回国创办了中芯国际，还有一大批在芯片领域响当当的人物，归国纵横芯海！

提到国内芯片行业的明星人物，就不得不提起邓中翰。邓中翰，1968 年出生于南京，1987 年考入中国科学技术大学地球与空间科学系，1992 年赴美国加州大学伯克利分校留学，1997 年获得电子工程与计算机科学博士学位，毕业后进入 IBM 担任高级研究员，随后回到硅谷创建了芯片公司 Pixim。1999 年 10 月，邓中翰回到中国，与国家信息产业部在北京中关村创建了中星微电子有限公司，并担任"星光中国芯工程"的总指挥，领导研发"星光"系列数字多媒体芯片。"星光"系列成为中国第一款打入国际市场的芯片，彻底结束了"中国无芯"的历史。因为在"星光中国芯工程"中的突出成就，邓中翰被业界称为"中国芯之父"。

除了邓中翰，在进入 21 世纪之后的一段时间内，还涌现出了许多"芯领袖"。2000 年，程京归国创立了博奥生物有限公司，研发生物芯片。2001 年 4 月，远在海外豪威科技担任副总裁的陈大同和任职过多家芯片创业公司的武平回国，与多人联合创立了展讯通信。同年，在胡伟武的带领下，中国科学院计算技术研究所开始研制龙芯处理器，倪光南开始研发"方舟一号"芯片。2002 年，张帆创立汇顶科技，聚焦多功能电话芯片的研发。2004 年，尹志尧回国，在上海创立了中微半导体设备有限公司；杨崇和、戴光耀联合创立了澜起科技；海思半导体有限公司成立……

可以看到，2000 年至 2004 年是国内半导体产业链构建的初始时期。在这一阶段，国内外大批优秀人才投身于芯片领域，完成了技术的原始积累，为整个行业筑下了坚实的根基，尽管未能挽救芯片落后的局面，但至少为未来的追赶做好了铺垫。20 年后，当国内芯片浪潮再次被掀起时，又有大量的芯片人才续写着前辈们曾经未完成的故事，"中国芯"这条战舰也将再次起航！

6.5　半导体领域那些了不起的她

半导体是一个纯粹的工科行业，从半导体的发展历史中可以看到，大多是男性在这个舞台上厉兵秣马、挥斥方遒。但事实上，巾帼不让须眉，很多女性也在这个领域闪耀着光辉，做出过杰出的贡献！

李爱珍

李爱珍是我国半导体材料领域杰出的科学家,她将生命中的绝大部分时光都奉献给了科研。李爱珍,1936 年生于福建省石狮市永宁镇港边村,彼时正是抗日战争全面爆发的前夕。她的父母远赴菲律宾谋生计,仅有一岁的她则被留在中国慢慢长大。1954 年,李爱珍以优异的成绩考入复旦大学化学系,大学毕业后就职于中科院上海冶金研究所(现中科院上海微系统与信息技术研究所),自此开启了数十年如一日的科研之路。在二十世纪六七十年代,李爱珍主要研究单晶材料和薄膜材料。1980 年,在恩师邹元爔的举荐下,李爱珍获得了公派至美国卡内基梅隆大学电子工程系做访问学者的机会,师从国际半导体研究方面的权威科学家米尔恩斯(Milnes)。归国以后,她用了 8 年的时间先后在国际相关领域内取得了多项成果。最著名的一项就是改造我国自行研制的分子束外延设备,并于 1989 年通过验收,成功打破国外的技术封锁。此后,李爱珍的科研进程开始提速。1995 年,李爱珍带领课题组开始在中远红外量子级联激光器领域进行攻坚。1998 年,李爱珍发表了亚洲首篇量子级联激光器的 SCI 论文,使中国进入掌握此类高难度激光器研制技术的国家行列。

2000 年 6 月,亚太材料科学院推选李爱珍为院士。2004 年,她又被第三世界科学院(现名"发展中国家科学院")授予工程科学奖。2007 年 5 月 1 日,在中国科学院上海微系统与信息技术所担任研究员的李爱珍,成为第一位获得美国科学院外籍院士荣誉的中国女科学家。彼时,中国共有 11 人当选美国科学院外籍院士,包括华罗庚、袁隆平、白春礼等,可谓个个如雷贯耳!

比起这些荣誉,更令人值得敬佩的是李爱珍视科研如生命的学术态度和

了不起的芯片

永远心系祖国的精神内核。李爱珍并没有把科研当作一份工作，而是当成了毕生的信仰。她用自己的努力，将国内"分子束外延"和"量子级联激光器"等领域的研究水平提升到了国际水准。美国科学院院士卓以和曾称赞李爱珍的研究成果："世界上没有几个实验室能做到，李爱珍能独立做出来，对中国而言是一个很大的功劳！"

林兰英

林兰英是我国著名的半导体材料和物理学家，也是世界上最早在太空制成半导体材料砷化镓单晶的科学家，被誉为"太空材料之母"。林兰英，1918年生于福建省莆田市，1940年毕业于福建协和大学物理系，随后留校任教。1945年夏，在李来荣教授的帮助下，林兰英赴美留学深造。

林兰英先是在狄金逊学院攻读数学，成绩斐然，仅用一年时间便拿到了学士学位，获得荣誉学会颁发的"金钥匙"。后来，她的导师埃尔教授要介绍她去芝加哥大学深造，她因已决定研究固体物理学而婉言谢绝。当时在美国，单晶体作为神奇的固体材料已经崭露头角，而我国在这门学科方面还是一片空白。林兰英为了报效祖国，决定前往宾夕法尼亚大学改学固体物理，师从米勒教授，先后获得固体物理学硕士、博士学位。林兰英是当时该校第一位获得博士学位的中国人，也是该校历史上第一位女博士。毕业之后，为了接近美国半导体材料研究的前沿，她在著名的希凡尼亚（Sylvania）公司任高级工程师，并帮助公司解决了诸多技术难题，获得了公司的尊重。即使年薪丰厚，但他乡再好也抵挡不住林兰英报效祖国的决心，在掌握了固体材料研制方面的知识后，她便积极筹划回国。

1957年，林兰英以旅行为名领到一张签证，毅然决然返回祖国。她的爱国行动受到祖国人民的热烈欢迎。回国后，她先后在中国科学院物理研究所、半导体研究所工作，历任研究员、研究室主任、副所长等职务。

林兰英是我国半导体材料科学的领路人与开拓者，在锗、硅单晶、砷化镓、磷化镓单晶，高纯锑化铟单晶制备及性质等研究方面获得了丰硕的成果。其中，砷化镓气相和液相外延单晶的纯度及电子迁移率均曾达到国际先进水平。林兰英院士不仅在科研方面成绩突出，而且非常重视培养人才，她深知人才对科技发展的重要性，科技对国家未来的重要性。林兰英院士艰苦朴素、敢于拼搏、为科学奉献的精神值得后人学习。侠之大者，为国为民，大抵不过如此。

谢希德

提起微电子，复旦大学在业界可谓如雷贯耳，齐名清北。回望复旦大学微电子学科的发展建设，一个无法忽视的人物就是谢希德，她也被称为"复旦半导体引路人"。

谢希德，1921 年 3 月 19 日生于福建省泉州市祥芝镇赤湖村的一个知识分子家庭。她的父亲是一位物理学家，曾在燕京大学任教。得益于良好的家庭环境及自身的勤奋，谢希德的成绩一直十分出色，并于 1942 年考入厦门大学，随后赴美留学。1951 年，谢希德凭借论文《高度压缩下氢原子的波函数》顺利通过答辩，获得美国麻省理工学院的博士学位。毕业后，受物理学家 J.C.Slater 的邀请，谢希德在麻省理工学院的固体分子研究室担任博士后研究员，从事半导体锗微波特性的理论研究。这一时期的经历让谢希德对半导体产生了浓厚的兴趣，也决定了她的科研方向。

1952 年，几经辗转，谢希德终于回到了祖国的怀抱，赴上海复旦大学担任物理系教授，并开设了固体物理、力学、量子力学等一系列课程，为复旦大学的学科建设打下了良好的基础。1956 年秋，谢希德响应国家"重点攻关半导体"的号召，与半导体领域的众多师生集结到北京大学，成立了"半导体物理专门化"组，为新中国的半导体领域培养了一大批专业人才。1958 年夏，谢希德又调回复旦大学，在复旦大学与中国科学院上海分院联合主办的技术物理研究所担任副所长。1960 年到 1962 年期间，谢希德与方俊鑫合作编写了《固体物理学》一书。20 世纪 80 年代，谢希德又为该书增写了"非晶态物质"一章，该书后来被国家教委评为优秀教材。谢希德在学术生涯中一共出版著作 20 多部，发表论文近百篇，为国内的物理和半导体教学及研究提供了重要的参考资料。

事实上，谢希德自幼体弱多病，并在 1966 年不幸罹患癌症，虽然生命中的大部分时间都在与病魔抗争，但她始终乐观、坚强，从未向病魔屈服过。谢希德于 1980 年当选中国科学院学部委员，1988 年当选第三世界科学院院士，1990 年当选美国文理学院外籍院士。她曾历任复旦大学教授、副校长、校长，上海市政协主席，主要从事半导体物理、表面物理等方面的研究，是中国科学界最有影响力的人士之一。

苏姿丰

相比前面三位默默无闻的科学家，苏姿丰可能更为大家所熟知，其中一个重要原因是她不仅是一位科学家，还是半导体巨头 AMD 的掌门人。

1969 年，苏姿丰出生于台湾省台南市，在她三岁时，她的父亲到哥伦比亚大学就读，苏姿丰随父入美。1986 年，苏姿丰进入麻省理工学院（MIT）学习电子工程，大二时期研究学习硅技术（Silicon-on-Insulator，SOI），这也是如今半导体行业的主流技术。在大学时代，她就经常到各工厂参观学习芯片的制造流程。24 岁时，苏姿丰在 MIT 获得了电子工程博士学位，成为当时我国台湾省最年轻的 MIT EE（Electrical Engineering）博士。

博士毕业后，苏姿丰进入德州仪器工作，一段时间后转入 IBM 研发部门工作。当时正值半导体发展的黄金岁月，因为大学时代学习过 SOI 技术，苏姿丰为 IBM 创造了巨大的产值，并逐步升任 IBM 研发部门主管、CEO 特助。在此期间，苏姿丰提升了自己的领导能力和谈判技巧。后来，IBM 创立研发新芯片的部门，新芯片大规模运用于游戏主机、家用电子产品等领域。2002 年，苏姿丰入选《麻省理工科技评论》"全球百大科技最有创意者"。2007 年，苏姿丰被飞思卡尔挖去担任首席技术官（CTO），此时的她不仅在技术上有丰富的经验，而且在领导能力、谈判能力等方面才华过人。

2014 年 10 月，苏姿丰开始担任 AMD 首席执行官（CEO）的职务，成为 AMD 成立以来的首位女性 CEO。作为掌门人，苏姿丰带领 AMD 披荆斩棘，打造出多款性能强劲的产品，市场占有率稳步提高，成就显著。

苏姿丰博士荣誉等身，其中任何一项成就放在普通人身上都足以骄傲一生，以下是她所取得的部分荣誉。

（1）2009 年入选为电气和电子工程师协会成员（IEEE Fellow）。

（2）2014 年荣获 EETimes "2014 年杰出领导者" 及 EDN 2014 ACE 大奖，出任 AMD CEO。

（3）2018 年入选美国国家工程院院士，被《财富》杂志评为"商界风云人物"。

（4）2019 年入选彭博社"全球 50 大最具影响力人物"、全球百佳首席执行官、年度商界最具影响力的女性。

（5）2020 年入选美国艺术与科学院院士，位列福布斯 2020 美国白手起家女富豪榜第 44 位，被《财富》杂志评为"年度商业人物"并位列第 2。

（6）2021 年 IEEE 为苏姿丰颁发 Robert N. Noyce 奖，以表彰其在开创性的半导体产品和成功的商业战略方面的领导力，以及为微电子行业的发展做出的贡献。Robert N. Noyce 奖也被称为"半导体界的诺贝尔奖"，苏姿丰是历史上第一位获得该奖项的女性。

（7）2022 年，Peace Tech Lab 授予苏姿丰国际和平荣誉奖，以表彰她为专注于传染病研究的公益事业捐赠超级计算能力，并激励来自不同背景的人勇敢追求科技领域的事业所做的贡献。

（8）2022 年 5 月，麻省理工学院正式将纳米科学与技术中心所在的 12 号楼命名为"苏姿丰大楼"（Lisa T. Su Building），苏姿丰受邀出席演讲，见图 6-2。

图 6-2　苏姿丰在麻省理工学院演讲

苏姿丰凭借过硬的实力以及在 AMD 的卓越贡献，被很多技术理工男视为偶像，大家亲切地称她为"苏妈"。

回首几位半导体领域的巾帼巨擘，会发现李爱珍、林兰英、谢希德几位前辈全部出生在福建，不知道是巧合还是当时那里的教育水平和科学氛围较好。但不可否认的是，引路人、榜样、良好的氛围都会对一个人的科研和职业生涯产生重大的影响。

很多女同学曾咨询我：女生是否适合在芯片行业发展？相信看到几位前辈的故事，你们不会再有任何犹豫了吧！致敬半导体领域那些了不起的她，路漫漫其修远兮，向前辈们学习！

6.6 本章小结

"科学技术是第一生产力"，半导体作为现代信息科技的基石，更是重中之重！尽管我国半导体行业起步很早，但鉴于新中国成立之初的基本国情以及我们在半导体发展过程中所走的弯路，如今我国半导体与国际先进水平相比仍处于落后的局面。反观半导体强国美国，在 20 世纪 50 年代，其社会已经处于高度工业化的状态，可以全力在科技领域开展前沿研究及探索。

然而即使面对今天芯片被"卡脖子"的局面，我们也并不是一无所有，半导体领域的众多前辈已经为我们筑好了根基，我们这一代半导体人要勇于接过手中的接力棒，在下一个十年奋力追赶，早日使我国的半导体行业达到国际先进水平！

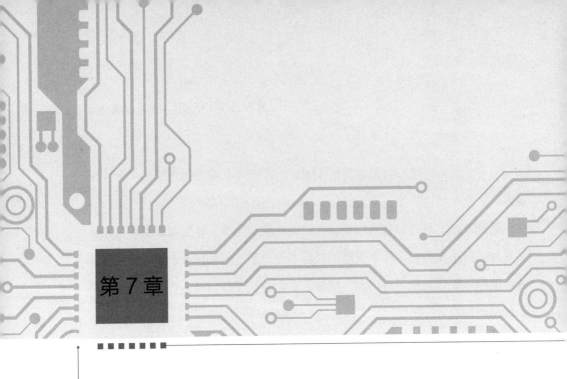

第 7 章

中国"芯"再出发

西风烈,长空雁叫霜晨月。霜晨月,马蹄声碎,喇叭声咽。

雄关漫道真如铁,而今迈步从头越。从头越,苍山如海,残阳如血。

——毛泽东《忆秦娥·娄山关》

7.1 中国半导体产业布局地图

从国内半导体产业链的公司分布地址来看,半导体产业呈现区域集中的趋势,目前形成了以长三角、环渤海、珠三角、中西部等为核心的城市发展集群。在每个区域产业发展的背后,都少不了经济、人才、教育科研的支撑,这一点也体现了半导体产业的技术壁垒高、投入成本大的特点。

7.1.1 中国的"硅谷"

众所周知,在芯片发展领域,中国最好的城市是上海,上海最好的区域是张江。以我在张江多年的生活经验来看,这里不仅是人们印象中繁华的现代都市,更是一个科技氛围极其浓厚的地方,生活在这里的工程师会有一种特殊的"安全感"。

张江科学城(前身是张江高科技园区)位于上海浦东新区中部,处在上海金色中环发展带上。根据《上海市张江科学城发展"十四五"规划》,其规划面积达 220 平方公里,定位为城市副中心。这里聚集了国家实验室、高校科研机构、全球顶尖创新企业和人才资源,着力发展集成电路、生物医药、人工智能三大主导优势产业。张江不仅被称为"中国硅谷",还被称为"中国药谷"。

张江的芯片公司林立,整体可以分为以下几个集群。

(1)以集电港、广兰路为中心向周边辐射的芯片公司集群。张江集电港环境优美,整个园区坐落在吕家浜两侧,园区内的建筑也颇有特色,多为三层别墅。集电港及周边的芯片公司有上海微电子装备集团、紫光展锐、地平线机器人、日月光、哲库科技、ADI、英伟达等。

(2)以金科路、浦东软件园为核心的芯片公司集群。在张江双子塔建成之前,金科路地铁站上盖的长泰广场和汇智国际商业中心是张江最为繁华的区域。这里的芯片公司有 TI、高通、NXP、中芯国际、华虹宏力、上海集成电路研发中心等。因为靠近商业区,所以在附近上班的员工可以说幸福感满满。

(3)以复旦大学(张江校区)、上海科技大学、中科路为核心的芯片公司集群。这个集群在科研、商业、基础建设等方面都非常优秀，坐落在这里的公司有 AMD、上海处理器中心、博通（Broadcom）、NI、豪威集团、沐曦集成电路、百度、华大半导体、纳芯微电子、摩尔精英、平头哥半导体等。随着张江双子塔的建成，这里将取代金科路成为张江的中心。

（4）以张江微电子港、张江高科地铁站为核心的芯片公司集群。这里的公司主要有海光、中兴、爱德万、大疆、乐鑫、联想、中国电子等。

除了以上四大集群，还有很多芯片公司如种子般散落在张江这片科技土壤中。如果有机会，推荐你骑上单车，选一个天气晴好的周末，去细数张江的每一家半导体公司。

张江的科学氛围是刻在基因里的，这里的每一条街道都以科学家的名字命名，祖冲之路、张衡路、爱迪生路、哈雷路、哥白尼路、高斯路、牛顿路……而工作和生活在这里的人也被打上了"张江男、张江女"的技术形象标签，与工作在陆家嘴、静安区的白领形成了鲜明的对比。对于新上海人来说，张江显得更加包容，每年选择来张江实现自己芯片梦的年轻人，与当年那些曾经投身硅谷的前辈们何其相似。而张江也以它创新、充满活力、面向未来的氛围，不辜负每一位寻梦人。

除了张江，武汉光谷、深圳、北京中关村等地区也时常被人们称作"中国硅谷"。

武汉光谷于 1988 年成立，位于武汉东湖新技术开发区，是全国首批国家级高新区、第二个国家自主创新示范区，2001 年被批准为全国第一个国家级光电子信息产业基地。

深圳是随着国家改革开放而崛起的一线城市，被称为科技创新之都。深圳市的发展模型参照了美国旧金山湾区的模式，深圳市南山区是国家科技部定点规划建设的世界一流科技园区。

北京中关村是科技的代名词，是我国首个国家级高新技术产业开发区。这里不仅高校云集、科研院所遍地，也是曾经红极一时的"中关村电子一条街"所在地。中关村科技园是我国体制机制创新的试验田，"中国硅谷"的名分也算名副其实。

7.1.2 长三角地区——走在前沿

根据《上海市战略性新兴产业和先导产业发展"十四五"规划》中的数据，上海市的集成电路产业规模占全国比重超过 20%，遥遥领先于其他城市。在芯思想研究院发布的"2021 年中国大陆城市集成电路竞争力排行榜"前 15 强中，长三角地区占有 6 席（上海、无锡、合肥、南京、苏州、杭州），几乎占了半壁江山！这是长三角地区在半导体领域积极布局的结果。

从技术层面看，长三角地区在国内也处于领先地位，这里集中了大量的 EDA 软件公司；在芯片设计方面，有海思、紫光展锐、平头哥及一众国际企业领衔，实力出众；在芯片制造方面，有中芯国际、华虹集团等，可以覆盖 14 纳米到微米级的芯片制造工艺；在芯片封测方面，有日月光、长电等巨头；在芯片设备和材料方面，有上海微电子装备集团、中环股份、芯智联等。可以说长三角地区的半导体发展覆盖了整个产业链，在全国处于领先地位，没有短板。

长三角地区走在半导体产业前沿得益于人才的支撑。这里高校云集，拥有一众微电子强校，同时有着较强的区域吸引力。以西安电子科技大学为例，经学校就业中心和西电上海校友会统计，西电毕业生每年赴上海就业人数已连续多年超过 500 人，其中从事芯片相关方向的人数占比高于 20%。除上海外，苏州、无锡、南京、杭州、宁波、舟山等地区对人才的吸引力也较大，这些城市经济发达，地理位置优越，自然环境优美，交通便利，充满活力，也符合年轻人未来工作和生活的需求。

以目前长三角地区对半导体产业的布局及重视程度来看，未来一段时间它依然会走在全国的前列。

7.1.3 环渤海地区——协同跟进

环渤海地区的半导体产业是以京津为核心、以大连和青岛为两翼的布局。环渤海地区在半导体的设计、EDA、制造、封测、材料、设备等领域都已发展成熟，生态链较为完整，紧紧跟随长三角地区的脚步。

《北京市"十四五"时期高精尖产业发展规划》中确定了北京市以自主突破、协同发展为重点，构建集设计、制造、装备和材料于一体的集成电路产业创新高地，打造具有国际竞争力的产业集群。重点布局北京经济技术开发区、海淀区、顺义区，力争到2025年集成电路产业实现营业收入3000亿元。

在设计方面，环渤海地区不仅拥有清华、北大、中科院等一大批高校和科研院所，同时拥有大批的芯片设计公司，如龙芯中科、寒武纪、兆易创新、紫光国微等。除北京外，青岛也是一个半导体产业发展极为迅速的城市，青岛不仅拥有芯恩、富士康、歌尔微电子等知名半导体企业，还有各类半导体相关企业多达上千家！2022年6月9日，首批总投资201亿元的10个重点项目在青岛集成电路产业园集中开工，这将进一步完善青岛的半导体产业生态。

华大九天、中科院青岛EDA中心是国内EDA领域的佼佼者；中芯北方、英特尔（大连）、芯恩（青岛）等共同支撑起了环渤海地区的半导体制造产业；

有研半导体材料、赛微电子是半导体材料企业的代表；华峰测控、北方华创
等是国内半导体设备的领军企业。环渤海地区是除长三角外的半导体产业链
发展最为均衡的区域，是国内半导体产业的中坚力量，未来发展潜力巨大！

7.1.4 珠三角地区——稳扎稳打

珠三角地区的半导体产业布局是以深圳、广州、珠海为核心，以佛山、
江门、中山、东莞、惠州、肇庆、汕尾等城市为重点的半导体产业集群。与
长三角地区全产业链领先的格局不同，珠三角地区在产业链不同环节的发展
程度存在较大差异。

在芯片设计方面，珠三角地区实力强劲，以深圳、广州、珠海最为突出，
包括海思、中兴微电子、全志科技、汇顶科技等公司，在消费电子领域独树
一帜。在芯片制造方面，尽管珠三角地区的制造业冠绝全国，但半导体制造
业却显得有些薄弱。截至 2022 年，仅有中芯国际和粤芯半导体两家芯片制造
企业，不仅远远落后于长三角和环渤海地区，甚至与中西部个别城市相比都
不具有优势。在芯片封测、设备、材料等方面，珠三角地区的企业也是少之
又少。

与供应侧薄弱不同的是，珠三角地区有着巨大的芯片市场，全球约 60%
的芯片销往中国，而中国约 60% 的芯片消耗在珠三角及粤港澳大湾区。因此，
广东省对半导体产业链构建的重视程度也逐步加大。根据《广东省制造业高
质量发展"十四五"规划》，到 2025 年，半导体及集成电路产业营业收入突
破 4000 亿元，打造我国集成电路产业发展第三极，建成具有国际影响力的半
导体及集成电路产业聚集区。

7.1.5 中西部地区——不甘落后

中西部地区的半导体产业格局是以西安、成都、重庆、武汉、长沙为核心的半导体产业集群，近年来发展速度显著加快。芯片设计公司纷纷在中西部城市设立办公室，晶圆厂也在逐渐落地，如三星（西安）、格芯（成都）、新芯和长江存储（武汉）、华润微电子（重庆）等。

迅速发展的背后得益于政府对半导体产业的支持以及优质的人才资源支撑。2020 年以来，绵阳西部半导体集成电路高科技产业园、重庆两江半导体产业园、成都高新西区的 IC 设计产业园投入使用，吸引了大批企业入驻。在人才方面，西安、成都、武汉等地的教育资源优厚，包括"两电一邮"中的西安电子科技大学和电子科技大学等电子强校，通过产教融合与企业紧密合作，为业界输送了大批优秀的人才。

在互联网浪潮中表现一般的中西部城市，却在半导体的黄金时代尤为出彩。目前中西部地区已经成为国产半导体产业结构中不可或缺的一部分，它们共同筑起的"芯高地"将成为中国半导体产业的第四极。

7.1.6 台湾省——实力雄厚

2021 年，台湾省半导体产业产值 4.08 万亿元（新台币，下同），占 GDP 总额的 18.5%。仅台积电一家企业的营业额就达 1.59 万亿元，约占台湾省 GDP 的 7.4%。如此规模的半导体产业，对能源的需求量也是巨大的，台积电每年消耗的电量约占台湾省的总耗电量 6%，贡献了全球近一半的晶圆代工产能。如果把产能范围缩小到先进制程，那么台湾省的贡献占比将进一步加大。

"半导体制造看台湾，台湾看台积电"，台积电的崛起促进了台湾省在半导体产业的辉煌。一个产业的腾飞少不了具有远见卓识的人,对台湾省半导体产业来说,这个人就是张忠谋。

张忠谋,1931 年出生于宁波一个书香门第家庭。在那个时局动荡的年代,张忠谋随家人辗转宁波、南京、广州、重庆、香港、上海等地,开启了坎坷的求学之路。他曾就读于以数理见长的上海市南洋模范中学,中学毕业后,刚满十八岁的他远赴美国留学。在哈佛大学度过大一后,张忠谋决定转入麻省理工学院攻读机械专业,随后他在麻省理工先后获得学士学位和硕士学位。1955 年春天,张忠谋加入希凡尼亚(与林兰英就职于同一家公司),正式进入半导体行业!三年后,他接受德州仪器的聘请,与妻子远赴美国南部的达拉斯市开始新的生活。由于在德州仪器工作出色,公司决定支持他去斯坦福大学攻读博士,并支付一切费用,但条件是博士毕业后需要为公司继续服务 5 年,张忠谋毫不犹豫地答应了。博士毕业后,张忠谋在德州仪器的职业生涯一路腾飞。1972 年,张忠谋升为集团副总裁,成为最早进入美国大型公司最高管理层的华人。

1998 年,颇具远见卓识的张忠谋前往台湾省创办台积电,率先开创了集成电路晶圆代工的发展策略,让半导体产业结构更加合理,从而让更多的芯片设计公司搭乘台积电这列快车走向历史舞台的中心。如今,台积电已经成为全球最大的晶圆代工企业,张忠谋因此被业界称为"芯片大王",台积电也成为台湾省经济的风向标。

台积电是台湾省半导体产业的标杆企业,除此之外,还有诸如联发科、大联大、日月光、联华电子等全球知名半导体企业。从产业链的完整性来看,台湾省也是首屈一指的,从上游的材料、EDA,到中游的设计、制造,再到下游的封装及测试,可谓一应俱全、实力强劲。这与台湾省对半导体产业的重视程度和持续投入密不可分。半导体行业犹如一场没有终点的赛跑,一旦松懈,就会成为历史的背景板。台湾省显然是一名长跑健将,从过去奔袭到现在,从现在冲向未来。

7.2 手机厂商自研芯片

2007 年 1 月 9 日,美国旧金山,乔布斯穿着一件黑色高领毛衣,搭配牛仔裤和运动鞋,在 MacWorld 大会上向世界展示了第一代 iPhone。在这之前,谁都不会想到,iPhone 不仅重新定义了手机,还改变了整个消费电子市场的格局。

在手机进入智能时代之后,芯片成了手机最核心的部件之一。从 iPhone 4 上搭载的苹果 A4 处理器开始,苹果每一代新机都伴随着芯片性能的提升。可以说,芯片为功能强大的智能手机提供了算力基础。

7.2.1 华为海思

华为海思的麒麟系列手机 SoC 架构芯片是国内最早可以与国际先进水平一决高下的芯片。华为海思的前身是创建于 1991 年的华为集成电路设计中心,2004 年注册成立实体公司,即海思半导体有限公司。海思的产品覆盖智慧视觉、智慧 IoT、智慧媒体、智慧出行、显示交互、手机终端、数据中心及光收发器等多个领域,但最为人们所关注的还是手机芯片。

华为推出的第一款手机处理器是 K3V1,发布于 2009 年,采用 110 纳米工艺制程及 Windows Mobile 操作系统。但这款芯片在技术上和市场上并不是很成熟,再加上制程落后、功耗不理想、Windows Mobile 操作系统市场份额低等因素，导致这款芯片没有走向市场化。2012 年，华为推出了 K3V2 四核处理器，基于 Cortex-A9 架构，主频分为 1.2GHz 和 1.5GHz，集成了 GC4000GPU，采用 40 纳米工艺制程。尽管这款处理器的性能和功耗依然不够理想，并且兼容性较差，当时被许多用户"吐槽"，但华为坚持把这款芯片用在自家的旗舰机型上，当时采用这款芯片的包括华为 Ascend D2、P2、Mate 1 等机型。2013 年，华为推出了 K3V2 的改进版——K3V2E，这款处理器搭载在华为 Ascend P6 智能手机上。Ascend P6 的外观设计在当时非常惊艳，它厚度仅为 6.18 毫米，超薄一体机身设计，并且采用全金属机身，具有出色的质感和手感，再加上华为大力的宣传，最终获得了 400 万台左右的销量，这在 2013 年是非常不错的成绩。

2014 年年初，经过在手机芯片多年的技术积累及从前两代产品中吸取的经验和教训，华为第一款手机 SoC——麒麟 910 横空出世。麒麟是中国古代神兽，代表祥瑞和力量，既寓意芯片所蕴含的强大力量，又寓意华为手机销量节节攀升。麒麟 910 采用 28 纳米 HPM（High Performance Mobile）制程，1.6GHz 主频，4 核 Cortex-A9 CPU 和 Mali 450 MP4 GPU，并且首次集成了华为自研的巴龙 710 基带，全面支持三大运营商的 4G 及移动、联通的 3G/2G 网络。这款芯片也搭载在华为 Mate 2、P6S 等旗舰机型中。

2014 年 6 月 6 日，华为发布了麒麟 920 芯片。这款芯片采用了先进的 8 核 big.LITTLE 架构，支持 LTE Cat6 标准，其中多个模块做了详细的功耗优化，在性能、功耗和通信方面，均处在业界前列！搭载这款芯片的荣耀 6 手机在手机跑分排行榜上一骑绝尘，获得了不错的销量。随后，华为又在 2014 年下半年先后发布了麒麟 920 的升级版——麒麟 925 和麒麟 928。搭载这两款芯片的华为 Mate 7、荣耀 6 Plus、荣耀 6 至尊版等机型也都大卖，华为在移动终端

了不起的芯片

业务上获得了全面丰收！

2015 年 3 月，华为发布了麒麟 930 芯片。这款芯片相比前一代只是做了小幅升级，针对游戏、视频、社交等不同场景实现灵活调度，更强调性能与功耗的平衡。华为荣耀 X2、P8、P8 max 等移动终端搭载了这款芯片。

2015 年 11 月 5 日，华为发布了麒麟 950 芯片。这款芯片依然采用 big.LITTLE 架构，但对处理器核心进行了升级，拥有 4 颗 Cortex-A72 核心和 4 颗 Cortex-A53 核心，在 GPU 方面则集成了当时全新 MaliT880。在工艺方面，麒麟 950 是首个采用台积电 16nm FinFET Plus 工艺的商用芯片，在性能上比上一代芯片有全面提升，功耗显著降低，同时缩小了与高通骁龙、三星 Exynos 等顶级手机 SoC 芯片的差距。搭载麒麟 950 处理器的手机有华为 Mate8、荣耀 Magic、荣耀 V8 等。

2016 年 10 月，华为在上海举行秋季媒体沟通会，并发布了麒麟 960 芯片。这款芯片是华为冲击高端产品线前夜的一款过渡芯片，相比于麒麟 950，麒麟 960 在性能、续航、通信、安全、拍照、音频等方面都有所提升，华为 Mate 9 搭载了这款芯片。

2017 年 9 月，在德国柏林国际消费类电子产品展览会上，华为发布了麒麟 970 芯片。这款芯片最大的亮点是首次集成了寒武纪的神经网络处理单元（Neural-Network Processing Unit，NPU）。NPU 可以在 AI 应用、特定数据处理、图像识别等方面发挥特长，效能比 CPU 和 GPU 更强。在工艺方面，麒麟 970 采用了台积电 10 纳米工艺，晶体管数目多达 55 亿个，在性能和续航上均有不错的提升，而且 GPU、ISP、通信、安全等模块均有升级。强悍的性能让麒麟 970 迈入高端处理器的门槛，而搭载麒麟 970 处理器的华为 Mate 10 系列销量更是突破千万台，成绩耀眼。

2018 年 8 月,同样是德国柏林国际消费类电子产品展览会上,华为发布了麒麟 980 芯片。如果说麒麟 970 只是高端入门处理器,那么麒麟 980 则是一款合格的高端处理器,可与同一代的高通骁龙和三星 Exynos 处理器在安卓阵营中一较高下。麒麟 980 采用台积电 7 纳米工艺,集成了 69 亿个晶体管,搭载基于 ARM Cortex-A76 的 CPU、Mali-G76 GPU。不仅如此,麒麟 980 还应用了 GPU Turbo 技术,既提升了图形处理的效率、画质和性能,还降低了系统能耗。

在通信方面,麒麟 980 在全球率先支持 LTE Cat.21,峰值下载速率 1.4Gbps,并搭载支持 160 MHz 带宽的移动端 Wi-Fi 芯片 Hi1103,理论峰值下载速率可达 1.7Gbps。麒麟 980 由华为 Mate 20 系列手机首发,华为 Mate20 Pro、P30 Pro、nova 5 Pro、荣耀 V20 等手机均搭载了这款处理器。华为终端全线大获丰收,而麒麟 980 也成为海思历史上最为成功的手机 SoC 芯片之一。2022 年 7 月,麒麟 980 被国家博物馆收藏,如图 7-1 所示。

图 7-1   中国国家博物馆馆藏芯片的说明牌

了不起的芯片

2019 年 9 月，麒麟 990 和麒麟 990 5G 两款芯片在德国柏林和北京同步亮相。在麒麟 990 芯片中，NPU 采用华为自研的达芬奇架构，ISP 升级到 5.0 版本，在视频处理、拍照等方面更加强调 AI 带来的优化。麒麟 990 5G 将巴龙 5G Modem 集成到 SoC 芯片中，率先支持 NSA/SA 双架构和 TDD/FDD 全频段，是领先的全网通 5G SoC 芯片，也是全球首款旗舰 5G SoC 芯片。在工艺方面，麒麟 990 5G 采用了 7 纳米+ EUV 工艺制程，晶体管数目达 103 亿个，是全球首次突破百亿个晶体管的手机 SoC 芯片。搭载麒麟 990 系列处理器的手机包括华为 Mate30 系列、P40 系列、荣耀 30Pro 等。

2020 年 10 月，华为在 Mate 40 系列全球线上发布会上发布了麒麟 9000 和麒麟 9000E 两款芯片。相比于麒麟 990 系列，麒麟 9000 系列在架构和工艺方面做了全方位的升级，采用全球顶级的 5 纳米工艺制程，集成 153 亿个晶体管。麒麟 9000 系列采用 Cortex-A77 架构的 CPU，主频达 3.13GHz。麒麟 9000E 比麒麟 9000 少了 1 个 NPU 核心、2 个 GPU 核心。华为 Mate 40 搭载了麒麟 9000E 芯片，华为 Mate40 Pro、Mate40 Pro+、Mate 40 RS 保时捷搭载了麒麟 9000 芯片。

时间往回倒拨一个月，2020 年 9 月 15 日，美国商务部对华为及其子公司的芯片升级禁令正式生效。在此之前，华为包机从台积电等厂商运送芯片，麒麟 9000 系列也是华为手机旗舰 SoC 芯片的终点，准备向手机 SoC 顶峰继续攀爬的麒麟就此抱憾而归。

尽管麒麟芯片中的 CPU 核心是基于 ARM Cortex 架构设计的，GPU 等模块也非自研，但手机 SoC 中的基带模块、Wi-Fi、蓝牙、ISP、NPU 等重要 IP 都是华为自研的，且自研 IP 比例逐年提升。除 IP 设计外，华为海思在 SoC 设计、软硬件协同设计方面也有大量的技术积累。

华为是国内手机 SoC 芯片设计最成功的科技企业之一，它的成功最重要的一点就是在移动终端坚持用自家的芯片，不断迭代升级，并且注重软硬件的协同设计和生态建设。在智能手机时代，华为仅用了十年的时间，就站上了消费电子领域的"珠峰"。

7.2.2　OPPO 哲库

哲库科技（ZEKU）是 OPPO 的全资芯片公司，成立于 2019 年，总部位于上海。多年来，OPPO 通过其独特的营销策略和随处可见的线下体验店，将品牌形象下沉到三四线城市及村镇，成为家喻户晓的国民手机品牌。OPPO 手机的销量一直位居前列，在销量站稳第一梯队之后，如何增强核心科技自主的能力，以及如何让 OPPO 手机形成差异化的市场竞争力，是摆在 OPPO 面前的一个难题。结合华为和苹果等手机厂商的经验来看，自研芯片或许是唯一的出路。

2020 年 2 月 16 日，OPPO CEO 特别助理发布了内部文章《对打造核心技术的一些思考》，其中提到了 OPPO 关于芯片的"马里亚纳计划"。马里亚纳海沟是目前世界上已经发现的最深海沟，最深处达 1 万余米！以马里亚纳作为芯片项目代号，足以彰显研究手机芯片的难度之大，同时 OPPO 也借此向市场展示自己攻克芯片的决心。

2021 年 12 月 14 日，在第三届 OPPO 未来科技大会上，OPPO 发布了代号为马里亚纳 MariSilicon X 的影像专用 NPU。这款芯片更加注重"计算影像"，其中 OPPO 自研的 MariNeuro AI 计算单元采用专用领域计算架构（Domain Specific Architecture），每秒可完成 18 万亿次 AI 计算，搭配自研的 MariLumi 自研影像处理单元，在影像处理方面实现最佳的能效比。在工艺方

了不起的芯片

面，MariSilicon X 采用台积电 6 纳米的工艺制程，是全球首个移动端 6 纳米影像专用 NPU。在 2022 年发布的 OPPO Find X5 和 Reno8 系列机型中均搭载了这款芯片。

2022 年 12 月 14 日，OPPO 在未来科技大会宣布了第二款自研芯片——马里亚纳 Y。马里亚纳 Y 是一款旗舰蓝牙音频 SoC 芯片，采用了当前射频芯片方向最先进的 N6RF 工艺制程。相比于前一代的 16nm 射频工艺，采用 N6RF 工艺的芯片晶体管能效提升了 66%，并使这款蓝牙 SoC 芯片拥有了逻辑芯片制程工艺在性能、面积、功耗方面的优势，可以加快终端之间的链接速度，提高带宽和稳定性。在传输方面，马里亚纳 Y 采用蓝牙 5.3 标准，蓝牙物理层（Physical Layer）的传输速率达到了 12Mbps，为实现蓝牙耳机的无损音质提供了硬件基础。在架构方面，马里亚纳 Y 集成了拥有 590 GOPS 算力的 NPU 和拥有 25 GOPS 算力的 DSP 单元，得以实现计算音频、空间音频等新技术，为用户解锁新体验。

OPPO 的终极目标是手机 SoC 芯片，但对一个新组建的芯片团队而言，手机 SoC 芯片的研发难度实在太大了！因此，从 NPU 影像芯片、蓝牙 SoC 芯片入手开启自研之路是一个明智的选择。NPU 及蓝牙 SoC 等中规模芯片的研发门槛相对较低，对 OPPO 来说，成功流片及应用到旗舰手机中具有里程碑式的重要意义。这不仅向业界证明了 OPPO 的技术实力，也为打造底层核心技术构筑了良好的基础，扩大了 OPPO 自研芯片矩阵，同时提振了 OPPO 芯片研发团队的信心和士气。

芯片研发并非易事，尽管人才和资金齐聚，决心屹然不动，但芯片自研的前路仍然充满黑暗和未知，一如深邃神秘的马里亚纳海沟，危险又迷人。

7.2.3 小米玄戒

小米是互联网时代最成功的企业之一，抛开技术与运营等不谈，小米取得成功的最重要的一个原因就是永远都在做正确的决定。顺势而为、乘风而起是小米的底色，而雷军那句"站在台风口，猪都能飞起来"更是成为口口相传的名言。

2010 年 4 月，雷军等七位业界翘楚联合创办了小米科技有限责任公司，并定位为高端智能手机自主研发的移动互联网公司。从 2010 年到 2020 年，正是智能手机快速发展的十年，也是中国互联网最繁荣的十年。2022 年 3 月 30 日，在小米春季新品发布会上，雷军宣布小米正式进军智能电动汽车行业。而未来十年，智能电动汽车也将是风口上的行业。

2014 年 10 月 16 日，小米成立了一家名为"松果电子"的子公司。2017 年 2 月 28 日，在北京国家会议中心举办的小米松果芯片发布会上，首款小米松果自主研发的手机 SoC 芯片——澎湃 S1 正式亮相。这款芯片从立项到量产只用了 28 个月，搭载在小米 5c 手机上。时隔 4 年，在 2021 年小米春季新品发布会上，小米 MIX Fold 首发自研影像芯片——澎湃 C1。从小米发布芯片的时间线及种种侧面的消息可知，小米在自研芯片的路上遇到的阻力并不少。与华为在通信和半导体领域有着深厚的技术积累不同，小米是一家年轻的公司，在手机 SoC 芯片研发中碰壁也不足为奇，但小米并无放弃之意。2021 年 12 月 7 日，小米以 15 亿元的注册资本成立了上海玄戒技术有限公司，继续追逐着它的芯片梦。从另一个角度看，无论是在时间上，还是在公司的战略发展上，小米做芯片的决定都是正确的。这使人不得不佩服雷军和小米决策层的高瞻远瞩，小米精准地踩中了每一次技术发展的风口。只不过自研芯片的风是龙卷风，既可以凭其冲上云霄，也可能被其重重摔倒在地。

尽管小米和 OPPO 不像华为一样让美国感到担心与恐惧，但作为稳居全球智能手机出货量前列的公司，它们依然有潜在的被制裁的风险。毕竟对消费电子产品来说，没有先进制程的支撑，就彻底失去了竞争力。芯片自研，想说"爱你"不容易。

7.3 互联网公司逐鹿"芯"赛道

互联网行业的繁荣也伴随着形态的变化，从网页文字、社交通信、视频到短视频和直播，再到 VR 及元宇宙，涉及的数据量快速增长，对算力的要求也越来越高。互联网公司发展到一定的阶段后，自研芯片有助于降低成本，并在特定业务上实现突破。相关数据显示，2020 年字节跳动的服务器数量达到 42 万台，可想而知每年花在服务器购买、租赁、维护的成本相当之高。如果自研，不仅可以降低成本，还可以针对互联网不同的业务及应用场景采用专用芯片，如 DPU、AI 等在计算及视频处理方面的效率要比通用的 CPU、GPU 芯片更高。除此之外，自研芯片还可以通过打造核心技术，帮助公司在硬科技领域发力，走得更远。

7.3.1 百度昆仑

2021 年 6 月，百度旗下昆仑芯片业务成立了独立新公司——昆仑芯（北京）科技有限公司，百度芯片首席架构师欧阳剑出任 CEO。在昆仑芯成立之前，百度已经在 FPGA 及 AI 领域深耕布局十余年，可谓是国内开拓芯片业务最早的互联网公司之一。

　　昆仑芯主要包含两个系列——K 系列和 R 系列。其中，K 系列包含昆仑芯 1 代芯片，以及基于昆仑 1 代芯片研发的两款 AI 加速卡 K100 和 K200，主要用于云计算、自然语言处理、计算机视觉、边缘推理等领域，百度已经部署落地昆仑 1 代芯片超过 2 万片。R 系列包含昆仑芯 2 代芯片，以及基于昆仑芯 2 代芯片研发的 AI 加速卡 R200、R480-X8 加速器组。昆仑芯 2 代芯片于 2021 年 8 月正式量产，采用 7 纳米工艺制程及自研的 XPU 架构，主要应用于各种 AI 场景中。

　　百度除了开展传统的互联网业务，也开始逐渐在 AI、智慧城市、自动驾驶，以及推动传统企业智能化、数字化转型等领域发力。场景的多样性意味着算力的多样性，市面上的通用芯片已经难以满足未来多样化的发展需求，因此自研芯片对百度来说是一举多得的决策。尽管生态建设还有很长的一段路要走，但昆仑两代芯片的量产和应用部署无疑为百度开了一个好头。

7.3.2　阿里巴巴平头哥

　　阿里巴巴自研芯片之路在倚天 710 问世后攀升到了新的高度。在 2021 云栖大会上，阿里巴巴集团的全资半导体芯片公司——平头哥发布了自研云原生处理器芯片倚天 710。倚天 710 采用 ARMv9 架构，包含 128 个核心，采用 5 纳米工艺制程、2.5D 封装，单个芯片容纳晶体管数目高达 600 亿个！从配置和性能方面来看，这款为"云"而生的芯片都达到了业内顶级水准！

　　在通用高性能 CPU 领域，令人耳熟能详的几乎只有英特尔和 AMD，这两家企业几乎垄断了 PC 和数据中心的市场。倚天 710 的问世打破了高端 CPU 的设计壁垒，对于推动整个行业的计算性能发展趋势无疑具有重要的意义。2022 年 11 月 3 日，阿里巴巴在云栖大会上宣布，倚天 710 已经在阿里云数据

了不起的芯片

中心大规模部署，并以云的形式服务阿里巴巴和多家互联网科技公司。倚天710的落地应用给整个行业注入一剂强心剂，也让平头哥成为继海思之后又一家具备设计超大规模复杂 CPU 能力的公司。

众所周知，CPU 设计难，那么到底难在哪里呢？如果只是设计一个能用的 CPU，不考虑性能，其实难度不大。一个合格的芯片设计工程师都能独立完成一款轻量级的 CPU 设计。如果只针对基于 FPGA 的开发板，那么设计 CPU 则更简单。

但如果是设计商业级高性能的 CPU，那么无论是架构、规模、验证、时序、功耗、DFT、布局布线中的哪一个环节，其难度都呈指数级增长。如何设计让指令运行更高效、数据吞吐率更快的架构？如何设计能保证功能完备性的验证策略？如何通过处理时序来减少 bug 和延迟？如何通过减少无用的 Flip-Flop 翻转来降低功耗？如何避免从芯片测试到制造过程中的缺陷？如果在一个简单的 CPU 上解决上述问题并不难，但是放到一个包含百亿个晶体管的芯片上，难度堪比登天。除此以外，一个完整的芯片系统还包括打造行业生态、捕捉市场方向、制定成功的商业策略等，这样才能在业内占有一席之地，否则芯片的市场化将举步维艰。

1.5 节提到了英特尔"Tick-Tock 战略"，即一年更新工艺、一年更新微架构，如图 7-2 所示，从中可见工艺和架构对芯片的重要性。事实上，它们是决定处理器性能的两个最关键的指标。

倚天 710 通用服务器芯片采用 5 纳米工艺制程，这是当时可量产的最先进的工艺，只有移动端的芯片用上了 5 纳米工艺，如苹果 A15 仿生芯片、骁龙 888+。先进工艺制程的提升可以带来更高的晶体管密度、更强的性能以及更低的功耗，也让倚天 710 成为全球首款 5 纳米服务器芯片。

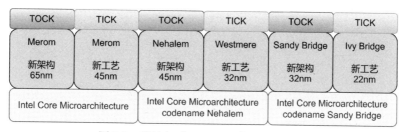

图 7-2 英特尔"Tick-Tock 战略"路线图

倚天芯片只是平头哥芯片产品矩阵的一个代表，目前阿里巴巴已经在处理器 IP、人工智能推理芯片、服务器芯片、射频识别芯片等领域实现布局，并且已经落地应用。

从人才的储备来看，阿里巴巴拥一支顶级的技术团队，覆盖计算科学、系统架构、芯片设计等环节。作为一家年轻的半导体公司，平头哥核心团队成员的技术实力在很大程度上决定了公司的走向。资金与人才齐聚，未来阿里巴巴的芯片之路到底能走多远、到达什么高度，还取决于其对研发的投入与相应的生态建设。

7.3.3 腾讯

作为 BAT 中的一员，相比于百度和阿里巴巴，腾讯在自研芯片方面则显得尤为低调。在 2021 年 11 月 3 日腾讯数字生态大会上，三款芯片走进了人们的视野，分别是 AI 推理芯片"紫霄"、视频转码芯片"沧海"和智能网卡芯片"玄灵"。

紫霄芯片擅长图片和视频处理、自然语言处理、搜索推荐等；沧海融合了腾讯云软件编码器码率控制等方面的技术，能够大幅提升视频转码压缩率；玄灵是一款可以加速网络、优化数据路径及进行逻辑计算的芯片。与倚天 710 这种重量级的芯片相比，腾讯的芯片研发方向更贴近其当前的业务需求，如云计算、云存储、游戏、视频、社交通信等。和百度、阿里一样，腾讯也成立了芯片研发机构——蓬莱实验室，未来将在更多领域布局自研芯片，为互联网业务提供助力，迎接未来新的互联网形态。

7.3.4 字节跳动

对于国内芯片行业来说，2021 年是梦幻般的一年，很多从业者选择在这一年跳槽，50%或者翻倍的薪资涨幅在业内变得常见，很少有职场人能拒绝如此高薪的诱惑。在将薪资推向高峰的过程中，互联网公司扮演了重要的推手角色。它们资金充足、嗅觉敏锐，要么投资芯片公司，要么直接造芯，这让芯片设计工程师的薪资直逼程序员。在互联网公司中，字节跳动是薪资最可观的公司之一。在抖音、火山小视频、今日头条等应用问世之后，其用户数大幅增长，这对公司的服务器等硬件提出了很高的要求。为了优化用户体验，字节跳动将在视频编解码、云端推理加速等方面开展芯片自研，以满足公司特有的业务需求，同时提升性能、降低成本。

如今，互联网行业的形态相对成熟，如何优化现有的业务、打造软硬件生态、提升用户体验将成为互联网公司未来几年的主要发力方向。而在多家互联网公司进入芯片领域之后，国产芯片或将加速突围并攻占核心科技领域这一重要高地。

7.4 GPU 赛道百舸争流

在芯片的发展历史上，GPU 可谓与 CPU 一同处在行业的中心，成为最耀眼、最受关注的明星。1999 年，英伟达发布了 GeForce 256 显卡，如图 7-3

所示。它采用 0.22 微米工艺，集成了 2300 万个晶体管及 T&L（Transform & Lighting）硬件模块，凭借完备的功能和强悍的速度，在当时获得了不错的销量。除此之外，GeForce 256 还为业界首次带来了 GPU 的概念，开启了图形处理的新纪元。

图 7-3　英伟达 GeForce 256 显卡

在 2015 年之前的 GPU 市场中，多数是国外厂商参与"厮杀"，Trident、Matrox、IBM、ATI（于 2006 年 7 月被 AMD 收购）、S3 Graphics、3dfx 等公司轮番上阵，鲜有国内公司的身影。2015 年之后，国内 GPU 公司陆陆续续成立。2020 年，随着壁仞科技完成 Pre-B 轮融资，以及沐曦集成电路和摩尔线程先后成立，国产 GPU 创业潮被推向了高峰。

了不起的芯片

GPU 是一个由巨头引领及垄断的行业，直到今天，仍然由英伟达和 AMD 牢牢地把控着市场。在美国发起对中国芯片企业的制裁之后，独立自主成为我国芯片行业发展的唯一出路，国内 GPU 领域的人才开始跃跃欲试，试图打开国内 GPU 的市场。在国内 GPU 公司出现以前的很长一段时间里，做 GPU 设计的工程师很难有跳槽的机会，选择仅限于英伟达、AMD、高通、Trident 等公司。在这个领域中的很多工程师十年如一日地坚守在岗位上工作、学习和进步，如今，属于他们的机会来了。

人才云集、资金到位，GPU 公司纷纷开始展示它们挑战业内霸主的决心。2020 年 8 月，芯瞳半导体第一代 GPU 芯片 GenBu01 问世；2021 年 11 月，摩尔线程宣布首款国产全功能 GPU 芯片如期研制成功；2022 年 8 月，壁仞科技在上海发布首款通用 GPU 芯片 BR100，创造全球算力纪录；2022 年 12 月，天数智芯发布首款 7 纳米通用 GPU 推理产品"智铠 100"……在各大 GPU 公司成立两年之后的时间里，流片成功的好消息不断传出，也不断刺激着投资人和市场的神经。然而对 GPU 公司来说，流片成功仅仅是开始。

GPU 主要应用于图形渲染、云计算、人工智能、科学计算、服务器等领域。在流片成功之后，如何打入市场供应链是 GPU 公司不得不面对的问题。如果说芯片是烧钱的游戏，那么 GPU 则是芯片行业中烧钱速度最快的领域之一。公司如果无法依靠 GPU 市场获得盈利，仅靠融资，那么最终只能倒在 GPU 的寒冬中，一如当初成立那样轰轰烈烈。

在芯片这个赢者通吃的行业中，GPU 公司也鲜有例外。今日百舸争流、千帆竞发，明日唯有胜者能够站稳脚跟、赢得市场。但幸运的是，在这个时代，每一家有理想的 GPU 公司都有机会参与并谱写自己的故事。

7.5　本章小结

国内半导体产业的布局主要集中在一二线城市，这些城市拥有优质的教育资源、有力的政策扶持，对人才有足够的吸引力。在未来相当长的一段时间内，现有的布局会保持不变。对于国内的头部硬件设备公司和互联网公司来说，芯片自研是一条出路，也是保持长久竞争力的关键。

如今，中国芯走到了至关重要的路口，每个人都应该了解芯片，每个从业者都应该努力发光发热，坚定不移地与中国同"芯"，砥砺前行！

第四篇

携手共创"芯"未来

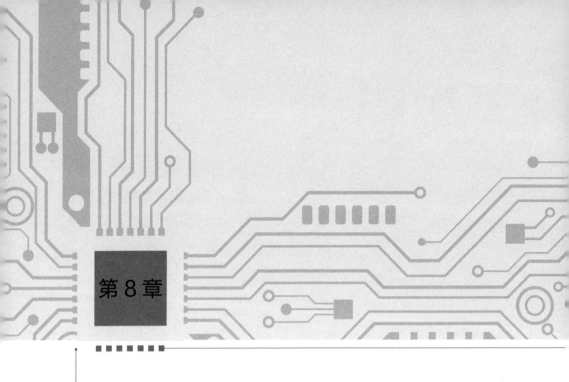

第 8 章

成为芯片工程师

从 2018 年开始,芯片开始加速走进大众的视野,国家对芯片产业也越来越重视,芯片成为国内最热门的行业之一。我陆续收到了许多科班及非科班出身的大学生,包括硕士研究生、博士研究生及初入职场的同学,甚至高中生的咨询。他们向我表达了想要成为芯片工程师的愿望,尤其是如何尽快掌握相关技能,从而顺利进入职场等。作为过来人,我也乐于看到更多的同学投身到半导体行业中贡献自己的力量。因此,本章内容将从多个维度来介绍如何成为芯片设计工程师,以及如何规划自己的职业生涯,从而实现职业价值。

8.1 了解芯片设计工程师

相比于程序员,芯片设计工程师的群体并不大,他们主要集中在一二线城市的高科技园区，大多毕业于名校，并且是师兄弟、师姐妹的关系，性格低调，注重学习和积累。本节我们就走进芯片设计工程师的世界一窥究竟，近距离了解这些半导体的时代弄潮儿。

8.1.1　芯片设计工程师的日常

作为芯片设计师，这里以我本人的工作和生活为例进行简单介绍。

通常，我会在早 9:00 抵达公司，为自己准备一杯咖啡。咖啡文化在 IC 界是比较流行的，尤其在外企，很多工程师会以一杯咖啡作为一天工作的开始，一方面是因为咖啡可以让人保持一天精力充沛，另一方面这更像是一种仪式感。

在 9:00—9:30 之间，我会列好今日的待办事项，不拘泥于形势，通常是使用电脑自带的软件，如便签、OneNote、Microsoft To Do 等。待办事项清单最主要的作用不是记住事情，而是忘掉事情。只要把要做的事情写在清单上，就不用担心忘记某些工作，从而清空大脑、释放精力。清单列好后，我会查收邮件，对简单的邮件直接给出回复，将需要投入时间思考的邮件放到今日待办事项清单中，对紧急且重要的邮件立刻进行处理。最后，查看项目的回归测试结果，没有问题可以忽略，如有问题，则要放到比较高的优先级去处理。

9:30—11:30 是我进入深度工作的时间，也是我自控力最强、精力最充沛的时间。通常，我会在这个时间做比较有挑战性的事情，如针对芯片微架构设计的思考、RTL Coding、功耗分析、测试覆盖率分析、基于 EDA 的流程开发等。在此期间，我会关闭邮件通知，把公司内部通信软件设置为专注状态，尽量避免同事的打扰。遇到同事来找我讨论问题，我会根据紧急和重要程度

了不起的芯片

来决定是选择当下还是后续安排时间讨论，尽量避免被打断思路，影响工作效率。公司偶尔也会将头脑风暴、项目会议等放在这个宝贵的时间段，因此我并不能保证每天的这个时间段都处于深度工作状态。

11:30—12:00 期间我会重新打开邮箱处理最新的邮件或者找同事讨论问题，同时简单放松一下，准备去吃午饭。法拉奇在《别独自用餐》一书中说，一个人的成功，除了努力和天赋，还源于人们在世界中丰富的情感联系。芯片圈并不大，根据自己的个性和特点建立并扩大自己的人脉，对我们的职业发展很有帮助。芯片设计从来不是单打独斗就能完成的，而是需要团队协作才能发挥出最大的力量。

午休过后，下午的工作通常从 13:30 或 14:00 开始，主要包括对上午的设计进行编译，修改编译时出现的问题，编写简单的 Test Bench，对设计的基本功能和时序进行仿真分析。如有问题则修改设计，没有问题则把 lint、CDC 等流程检查一遍，然后移交给验证工程师。同时，我也会和验证工程师一起讨论如何对设计施加激励、如何提高测试的覆盖率等，进而产出一个高质量的 Test Plan。

15:00 是下午茶时间，短暂的休息过后我会查收一次邮件，然后继续开始进入深度工作状态，包括修改设计文档、与架构师沟通下一个设计模块的整体功能和部分细节。在芯片设计的工作中可自动化的工作内容相对较多，所以我也会使用 Perl、TCL、Python 等脚本语言编写一些小程序，用以提高工作效率。

18:00 左右，我会对一天的工作进行简单总结，将已完成的工作从待办事项清单中删除，将未完成的工作放到明日的待办事项清单中，然后下班回家。

20:00—22:00 的时间通常属于我自己，我通常会选择阅读、写作、打游戏、

228

看电影等方式放松一下，有时也会安排学习，比如看协议文档、感兴趣的
ISSCC 论文，了解人工智能等对芯片设计有帮助的专业知识等。

22:00—23:00 通常有会议安排，主要是与美国、加拿大、印度同事的组会
或项目会议，讨论设计需求变化，对齐项目进度，并对项目细节进行调整等。

以上就是一个芯片设计工程师的日常，不同公司或者不同芯片的设计工
程师的工作内容会有所不同。在一些颇具规模的成熟芯片设计公司，很多设
计是基于上一代进行修改，因此从零开始进行设计的机会并不多。其实，芯
片设计工程师的一天可能并没有我描述得这么美好，我们经常会因为一个 bug
而焦头烂额，也会因为几个问题就耗掉了一天的时间。工程师 70%以上的时
间依然会做重复且枯燥的工作，但是对我来讲，那用于完成有创造性的工作
的 30%的时间就是成就感的源泉。

8.1.2 芯片设计工程师的特点

Perl 编程语言的发明人 Larry Wall（见图 8-1）曾说过，一位优秀的程序
员应该有三大美德：懒惰、急躁和傲慢。虽然这三个词语都是贬义的，但放
在程序员的身上则未必。

图 8-1　Larry Wall

了不起的芯片

懒惰的特点会促使程序员开发自动化的工具，从而节省人力和时间成本，同时降低出错的概率，这一点在处理数据和各种工作报表时尤为重要，所以从另一个角度看，懒惰也是一种勤奋。

急躁则是当计算机偷懒时，程序员会感到愤怒，从而写出更好的程序，进而完成任务的速度更快，响应时间更短。这一点在我身边的同事身上有着很好的体现，几乎所有的程序员都因为程序的运行速度太慢而愤怒过。

傲慢是过分的骄傲，程序员的傲慢则是对自己编写的程序拥有绝对的自信——没有 bug，运行速度绝佳，即便是同行也对这段程序挑不出任何毛病。

Larry Wall 对程序员三大美德的总结可谓非常精准且趣味十足，这也让三大美德在程序员的圈子中广为流传。

对于芯片设计工程师来说，这三大美德也基本适用，因为芯片设计工程师一半的工作时间也在写代码。但仅仅拥有这三大美德对工程师来说是不够的，芯片设计是一个交叉学科，工作内容更加立体，所以需要再用几个词汇来勾勒芯片设计工程师的特点。

第一是细心，芯片设计完成后，在交给制造商流片前，设计工程师要对设计的每一个检查项进行签字，通常检查项少则几十、多则上百。一旦存在未被发现的 bug，或者因为没做好检查导致功能不符合要求，后果是极其严重的。28 纳米的成熟工艺，一次流片价格大约是上千万元人民币，先进工艺则更贵。因此，流片的成功与否与设计工程师有着直接的关系，细心可以降低流片失败的概率，减少公司的损失。

第二是富有责任感，重视承诺。芯片设计是一个需要多方合作的工作，一款超大规模的芯片包含上百亿个晶体管、十几个 IP，需要成百上千个工程师共同努力来完成。即便是一款小规模的芯片，也需要十几个工程师进行合作。架构设计师要与设计工程师合作，设计工程师要与验证工程师、可测性设计工程师合作，可测性设计工程师要与后端设计工程师合作，IP 工程师要与 SoC 工程师合作……合作的过程中需要互相依赖，答应其他工程师的事情要保质保量完成，承诺的交付时间不能逾期，否则会影响整个项目的进度。信守承诺的工程师会在一家公司中或者在业内慢慢积累起个人信誉，这与技术能力同样重要。

第三是抗压能力强。不可否认的是，芯片设计工程师的部分工作是重复且枯燥的，但也有相当一部分是充满创造性且未知的。面对新的设计需求、新的架构，如何设计、怎么设计才能让性能更好，都是考验工程师脑力的问题。与此同时，在工作中还要与时间赛跑，不能错过交付时间，这给芯片设计工程师带来了一定的压力。任何技术上的问题都是可以解决的，但时间不等人。一款芯片的上市时间非常关键，如果能先于竞争对手上市，那么在占据市场份额上会更具优势，从而获得更多的利润。

第四是逻辑思维能力强。芯片中有大量的运算、控制和存储模块。如何分解复杂的任务，如何为模块之间去耦合，如何完成特定的功能等，需要芯片设计工程师提前在大脑中构建好解决方法，并用硬件描述语言来实现。

第五是善于沟通。芯片设计工作中充满着合作，而良好的合作离不开有效沟通。沟通不仅是表达自己的想法，还要倾听对方的意见。一次充分且有效的沟通能减少信息交换的次数，节省时间，让各方信息同步。

以上八个词汇：懒惰、急躁、傲慢、细心、责任感、抗压、逻辑思维、善于沟通基本可以刻画出芯片设计工程师的群像。这个群体虽然没有程序员那么为人所熟知，却一直在自己的领域发光发热、贡献力量！

8.2　芯片设计工程师技能树

知识技能树可以帮助我们快速了解一个职位所需的技能，有针对性地学习相关技能，逐步构建完整的知识体系，提高自身的核心竞争力。

8.2.1　数字芯片前端设计

要想成为一名合格的芯片设计工程师，首先要掌握这个职位所需的技能，图 8-2 所示为数字芯片前端设计技能树。

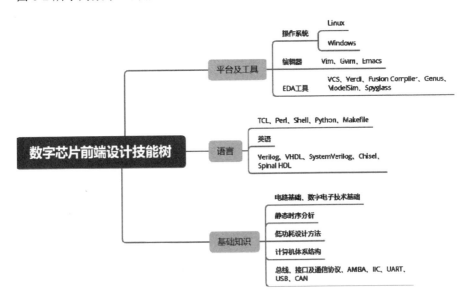

图 8-2　数字芯片前端设计技能树

1. 平台及工具

数字芯片设计与其他大多数行业不同，操作系统平台主要使用 Linux，也有少部分公司会使用 Windows，使用哪种平台主要取决于 EDA 工具。

对工程师来说，使用编辑器是一种必备技能。脚本语言、硬件描述语言都是通过编辑器来编写的，一款好用的编辑器可以大幅提高工作效率和舒适度。至于哪一款编辑器最好用，就是仁者见仁，智者见智了。有的工程师认为 GVIM 编辑器的功能最强，而在另一部分工程师心中，Emacs 是神一般的存在。如果把这个话题抛给一群芯片工程师，那么它堪比编程界的经典问题："哪一种编程语言最好用？"

EDA 工具非常重要，说它与芯片设计工程师同等重要也不为过。在现代芯片设计中，没有 EDA 工具，就无法展开工作。EDA 工具纷繁复杂，建议初学者掌握常用的几种即可。比如，仿真时使用 VCS、ModelSim，看波形时使用 Verdi、KDE，检查语法和跨时钟域时使用 Spyglass，逻辑综合时使用 Fusion Compiler，分析功耗时使用 Power Artist、PTPX 等。

2. 语言

编写脚本语言是芯片设计工程师的必备技能之一，常用的有 Perl、Python、TCL、shell、Makefile。大多数人对 Perl 和 Python 较为熟悉，下面简要介绍一下其他几种脚本语言。

- TCL（Tool Command Language）是一种被 EDA 工具广泛兼容的脚本语言，通常作为 EDA 工具的 shell 使用。TCL 的一个重要特性是扩展性，如果一段程序需要使用某些标准 TCL 没有提供的功能，那么我们可以使用 C 语言创造一些新的 TCL 命令，新命令可以很容易地融合进去。这种易于扩展的特性为芯片设计赋予了更多可能。TCL 在文本处理、信息提取、设计基于商业 EDA 自动化执行的流程等方面非常实用。

- shell 脚本和 shell 是两个不同的概念。shell 是操作系统的外壳，我们可以通过 shell 命令来操作和控制操作系统；shell 脚本是为 shell 编写的脚本程序，在使用 shell 脚本时，最重要的就是使用不同的 shell 命令组合来完成具体的任务。业内所说的 shell 通常是指 shell 脚本。

- Makefile 文件中描述了芯片设计项目中所有文件的编译顺序、编译规则等，通过 make 工具解释，进而被执行。对于复杂的项目，Makefile 可以加强流程的自动化程度，大幅提升工作效率。

英语在芯片设计中也很重要，无论是在外企，还是在本土企业中。国外的半导体起步较早，芯片的规格书、协议文档、专利、论文、书籍等大多是英文版的。在外企，英语的使用则更为频繁，日常工作中的邮件、会议等通常都会使用英语。

硬件描述语言是设计工程师最重要的武器之一。Verilog 是业界主流的语言，Chisel 和 Spinal HDL 是新兴的敏捷设计语言，小部分机构或者公司在使用。比如，中科院计算所包云岗团队开发的基于 RISC-V 指令集架构的香山处理器，使用的是 Chisel 语言。

3. 基础知识

"电路基础"和"数字电子技术基础"是芯片设计工程师的必修课程。在静态时序分析中，要理解建立时间和保持时间、避免电路中的亚稳态、设置正确的时序约束等，同时掌握相关时序分析工具（如 Prime Time 等）的使用。在功耗分析中，要掌握静态功耗、动态功耗、浪涌功耗等基本概念，以及低功耗设计方法等知识技能，并熟练使用功耗分析工具 PTPX、Power Artist 等。此外，我们还要精通计算机体系结构，这对设计 CPU、GPU 等核心非常重要，其中涉及的流水线思想、乒乓提取数据的操作等在设计其他类型的芯片中同样常用。我们可以有针对性地学习不同类型的芯片协议，比如：对于处理器或者 AI 设计，可能需要学习 AMBA 总线；如果做外设接口芯片或 IP，需要学习 UART、USB、SPI 等协议；如果做车规芯片，常用的有 LIN 协议、CAN 协议等。

以上简要介绍了芯片设计工程师在前端设计中的必备核心技能，但在实际的工作中，我们需要掌握的技能远不止于此。比如，很多设计工程师需要使用 EDA 工具对 RTL 和综合后的网表做等效性检查，使用 EDA 工具检查 Verilog 语法，跨时钟域检查，使用文件管理工具对设计文件进行版本管理等。总之，芯片设计的工作纷繁复杂，涉及的知识包罗万象，但我相信，真正热爱的人一定乐在其中！

8.2.2 数字芯片设计验证

在日常工作中，芯片验证工程师和芯片设计工程师要紧密合作，找出设计中的 bug。图 8-3 所示为数字芯片设计验证技能树，尽管看起来与前端设计技能树相似，在操作系统、编辑器、EDA 工具、脚本语言、基础课程等方面基本相同，但具体工作及思维方法却大有不同。

UVM 和 SystemVerilog 是验证工程师的主要"武器"，日常工作几乎离不开它们。

UVM 验证平台是基于 OVM 平台，并吸收 VMM 的优点而开发的，是业内最常用的验证平台。一个简单的 UVM 平台框架如图 8-4 所示，包含 Driver、Monitor、scoreboard、Reference model 等组件。熟练掌握各组件的功能、各组件之间及被测试模块的通信，以及基于 UVM 平台熟练搭建测试环境等，是验证工程师要掌握的知识技能。

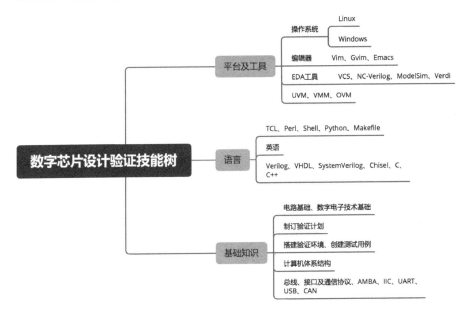

图 8-3 数字芯片设计验证技能树

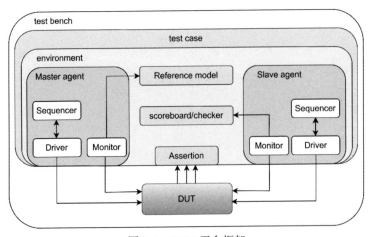

图 8-4 UVM 平台框架

对于一个合格的验证工程师来说，制订验证计划、从零开始搭建验证环境、创建测试用例、提高覆盖率（包括功能覆盖率、代码覆盖率、断言覆盖率）就是硬实力，也是胜任这一职位的基础。

计算机体系结构、总线、接口及通信协议也是验证工程师，尤其是 SoC 验证工程师要掌握的技能。验证工程师要同时具备软件思维和系统视角，这也是验证工程师可以升为架构师的原因之一。

验证工程师在业内是一个比较受欢迎的职位。一是因为岗位容量大，在理想情况下，会为 1 名前端设计工程师配备 2 到 3 名验证工程师（实际上很多公司达不到这个比例）。二是因为芯片验证的入门门槛比设计要低一些，但上限却不低。三是因为 UVM 等验证方法学不是高校的必修课，因此部分转行的同学与科班毕业生并没有拉开太大的差距，而且部分其他理工科专业同样会学习 C、C++语言等课程。最后，从薪资的角度来说，前端设计和验证也在同一个水平线上，二者互相依赖，合作紧密，共同完成芯片功能的完备设计。

8.2.3　数字芯片可测性设计

相比于芯片设计和验证工程师，可测性设计工程师并不为人所熟知，一方面是因为人们更关注芯片的功能，另一方面是因为可测性工程师的岗位容量较小。

可测性设计（Design for Test，DFT）是指在芯片原始设计阶段，即插入各种用于提高芯片可测试性（包括可控制性和可观测性）的硬件逻辑，通过这部分逻辑生成测试向量，达到测试大规模芯片的目的。随着芯片规模的增加，测试难度呈指数级上升，测试在产业链中的地位也越来越重要。从职位名称中可以看出，这个职位依然属于设计的范畴，只不过属于前端设计的"尾巴"。

这里的可测性设计是辅助设计，用于产生高效、经济的测试向量。以便在 ATE 上进行测试，不仅不能影响芯片性能，还会在一定程度上增加硬件开销。

数字芯片可测性设计技能树如图 8-5 所示。可测性设计工程师主要在 Linux 系统下工作，所用的编辑器、脚本语言、硬件描述语言、基础课程与前端设计工程师相同。不同点主要有三处：一是所用的 EDA 工具不同，二是需要掌握的知识技能不同，三是思维方式不同。

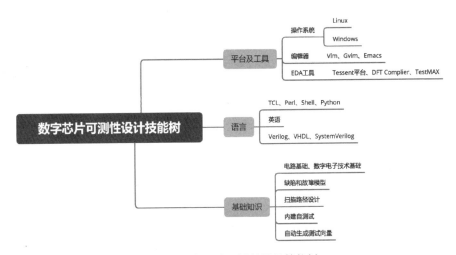

图 8-5　数字芯片可测性设计技能树

可测性设计的 EDA 工具主要用来帮助工程师完成扫描链的设计、测试向量的生成及压缩、设计内建自测试的电路，以及分析电路中的故障模型等。下面对可测性设计工程师所需的知识技能做一个全面的介绍。

1. 缺陷和故障模型

缺陷是指电路因物理方面的原因而改变了其本来的结构，出现在器件制造或使用阶段，制造加工条件的不正常和工艺设计有误等通常会造成电路不正常的物理结构，如引线的开路、短路等。

故障是缺陷的抽象级表示，由于造成芯片故障的制造缺陷原因多种多样，为了便于分析和判断故障，需要根据故障的特征对其进行抽象和分类，把呈现相同效果的故障归并成同一种故障类型，并使用同一种描述方法，这种故障描述方式称为故障模型。在集成电路测试发展史上，很多专家提出了很多种故障类型，但没有哪一种故障模型能够准确地反映所有可能发生的缺陷，所以在测试中需要使用不同的故障模型组合。

CMOS 工艺中常见的制造缺陷或物理缺陷有以下四种。

（1）对地和对电源的短路。

（2）由尘埃引起的连线断路。

（3）金属穿通（Metal Spike-Through）引起晶体管源极或漏极的短路。

（4）静电击穿。

以反相器为例，其中存在的缺陷如图 8-6 所示。

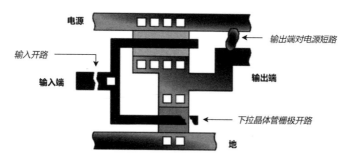

图 8-6　反相器中存在的缺陷

在制造或封装过程中的物理故障会导致逻辑故障，比如两个引脚间有漏电流或短路，芯片焊接点到引脚线断裂，金属层迁移、应力、开路等都会导致逻辑功能或时序问题。

2. 四种常见的故障模型

四种常见的故障模型分别是固定型故障模型（Stuck-at Fault Model）、时延故障模型（Delay Fault Model）、桥接故障模型（Bridging Fault Model）、固定开路故障模型（Stuck-Open Fault Model）。

（1）固定型故障模型

在固定型故障模型中，最常见的故障模型是单点故障（Single Stuck-at，SSA）模型。SSA 是指某处的逻辑值无法发生跳变，固定为 1 或 0。两种单点固定型故障模型如图 8-7 所示。在图 8-7（a）中，与非门的一个输入引脚直接连接供电端，所以无论外部输入信号是什么，对与门来说，此引脚的输入值都为 1。在图 8-7（b）中，或非门的输出端有缺陷，是一个固定为 0 型的故障，所以无论输入端如何变化，输出端的值永远都是 0。

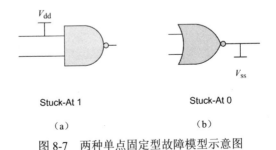

Stuck-At 1   Stuck-At 0

（a）   （b）

图 8-7　两种单点固定型故障模型示意图

为 SSA 模型生成测试向量时，可以认为系统中只有一个故障。当同时存在多个故障时，我们就要用到多故障模型（Multiple Stuck-at，MSA）。

以 SSA 故障模型为例，图 8-8 是一个两输入（A 和 B）的与门。在一个完好的与门电路中，当 A 和 B 两个输入都为 1 时，输出端才会输出逻辑 1。但如果输入 A 端发生故障，其逻辑值永远为 1，那么这个与门的逻辑功能则

变成只要输入 B 为 1，电路就会输出逻辑 1。图 8-8 中列出了正确的真值表与输入 A 端固定为 1 故障的真值表对比。

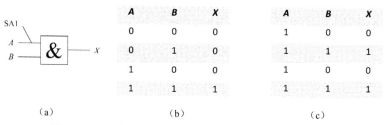

A	B	X		A	B	X
0	0	0		1	0	0
0	1	0		1	1	1
1	0	0		1	0	0
1	1	1				

（a） （b） （c）

图 8-8 （a）为固定 1 型故障示例，（b）为正确真值表，
（c）为 A 端固定为 1 的真值表

（2）时延故障模型

利用时延故障模型，我们可以测到一些时序违例。有时一些轻微的时序延迟对系统完全没有影响，但是长时间的延迟就会出现问题，尤其在一些时钟频率很高的系统中。

时延故障模型通常分为两种。

一种是跳变时延故障（Transition Delay Faults）模型，在这种故障测试中，先强制驱动测试点电平到故障值，然后在输入点施加一个跳变的激励，经过给定时间后检测测试点是否跳变至正确值。该模型可以检测出门级电路中的上升跳变过慢（Slow to Rise，STR）或下降跳变过慢（Slow to Fall，STF）故障。以 STR 故障为例，其故障模型及时序图如图 8-9 所示。

另一种是路径时延故障（Path Delay Faults）模型，用于判断指定路径上所有组合门电路的跳变延时之和的故障。与跳变时延故障模型不同的是，这里以整个路径上的各个门的管脚与连线节点的连接作为考察对象，取代了跳变时延模型中的单个节点。

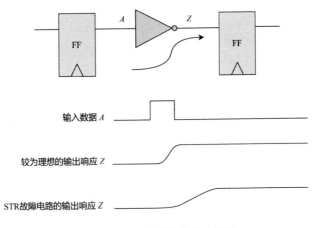

图 8-9　STR 故障模型及时序图

（3）桥接故障模型

通俗地讲，桥接故障模型就是两根不应该接到一起的信号线意外地连接到了一起。最常见的桥接故障就是两根信号线短路。

桥接故障可分为三种类型：输入桥接故障、反馈桥接故障、非反馈桥接故障。好的绕线可以有效减少桥接故障，两根信号线如果绕线距离远，就不会发生桥接故障；如果距离近，就有可能发生桥接故障。

（4）固定开路故障模型

在 CMOS 结构的电路中，有时固定型故障模型并不能探测到固定开路故障。断路有可能发生在两个门之间的连线、信号线，以及门电路内部的信号线中。因为这些故障可能发生在门电路内部，而一个逻辑门可能是由多个晶体管搭建起来的，所以我们用晶体管级的故障模型来表示，下面举例说明。

图 8-10 是一个两输入的或非门（NOR Gate）电路。在正常情况下，当我们在 A、B 端分别输入 0、1 时，N_2 MOS 管会导通，Z 端会得到一个逻辑 0。但如果 N_2 是开路，即 Z 端和 V_{SS} 形成开路，那么 V_{SS} 的值无法传到 Z 端（此

时 N_1 和 P_2 处于关断状态），Z 端会保持之前的状态。假设 Z 端原来的值是 1，便不会跳变为 0，进而导致电路逻辑错误。

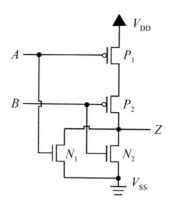

图 8-10　两输入的或非门电路

除了以上四种故障模型，还有基于电流的故障模型，是指电路中的缺陷可能会导致过大的漏电流。尽管有些学者认为未导致逻辑错误的缺陷不能被称为故障，但这些缺陷却表示出现了可靠性方面的问题。

故障模型是可测性设计（DFT）工程师必备的基础概念，了解它可以为 DFT 工作打下坚实的基础。可以说，DFT 工程师的工作就是发现这些故障，进而筛选出有问题的芯片。

3. 三种常见的扫描单元

在可测性设计过程中，扫描（Scan）电路的设计是非常重要的工作内容之一，也是 DFT 工程师一定要掌握的知识。

目前业界广泛使用的扫描单元（Scan Cell）有三种，分别是 Muxed-D Scan、Clocked-Scan 和 Level-Sensitive Scan Design（LSSD）设计。一个扫描单元有两种可选择的输入。第一种输入为数据输入（Data Input），也就是电路的功能

了不起的芯片

数据的输入端；第二种输入是扫描输入（Scan Input），由上一个扫描单元的输出驱动，从而形成一个或多个移位寄存器链（Shift Register），我们把它称为扫描链（Scan Chain）。这些扫描链可由外部直接访问，将扫描链中第一个扫描单元的输入作为主输入（Primary Input），将扫描链中最后一个输出作为主输出（Primary Output）。

Muxed-D 扫描单元比较容易理解，是业界最常用的扫描单元，如图 8-11 所示。它由 D 触发器和多路选择器组成，多路选择器使用扫描使能端（SE）来选择数据输入（DI）或扫描输入（SI）。

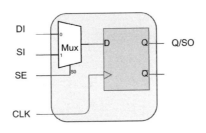

图 8-11　Muxed-D 扫描单元示意图

在正常的工作模式下，将 SE 设置为 0。当时钟上升沿到来时，数据输入 DI 处的值被送到内部 D 触发器中。在 DFT 移位模式下，将 SE 设置为 1，测试数据通过 SI 被送到 D 触发器中。使用 Muxed-D 扫描单元的优点是它与使用单时钟 D 触发器的主流电路设计相兼容，而且现有 EDA 对它提供全面支持；缺点是每个 Muxed-D 扫描单元在设计上增加了多路选择器，会产生时钟延迟。

时钟扫描单元（Clocked-Scan Cell）如图 8-12 所示。与 Muxed-D 扫描单元类似，时钟扫描单元也有数据输入（DI）和扫描输入（SI），但使用两个独立的时钟——数据时钟（DCK）和移位时钟（SCK）——进行输入选择。

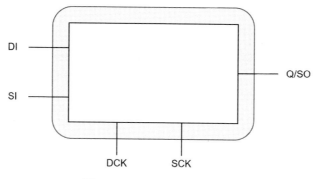

图 8-12 时钟扫描单元示意图

在正常模式下，采用数据时钟 DCK 将数据从 DI 移入扫描单元中。在 DFT 移位模式下，移位时钟 SCK 用于将新的测试数据从 SI 移到扫描单元中，当前扫描单元中的值将被移出。与 Muxed-D 扫描单元相比，时钟扫描单元的优点是不会导致数据输入的性能下降，缺点是需要额外的移位时钟。

Muxed-D 和时钟扫描单元通常是由边沿触发设计的，LSSD 扫描单元是基于锁存器且电平敏感的设计。如图 8-13 所示，LSSD 扫描单元由两个 Latch 组成，输入包括数据输入（Data）、数据时钟（Func CLK）、扫描输入（Scan Data）、移位时钟 A 和 B，输出包括普通数据输出（Func Out）和测试数据输出（Scan Out），两个输出端都可以用来驱动组合逻辑。

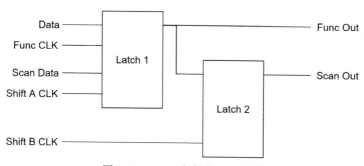

图 8-13 LSSD 扫描单元示意图

LSSD 扫描单元的主要优点是可以应用到带有锁存器的设计中；缺点是需要引入额外的时钟，因此为后端设计中的布线等工作增加了难度。

4. 扫描路径设计

扫描路径设计（Scan Design）的目标是提高电路的可控性和可观测性，这一点可以通过在电路中插入测试点（Test Point Insertion，TPI）来实现。图 8-14（a）是原始电路，假设逻辑模块 A 与逻辑模块 B 之间的线上值难以观察，我们可以在它们之间插入一个测试点来观察此处的逻辑值，如图 8-14（b）所示。如果两个模块之间的值难以被设置为 0 或 1，那么我们可以在两个模块之间添加控制点，将其强制设置为我们想要的状态，如图 8-14（c）和（d）所示。

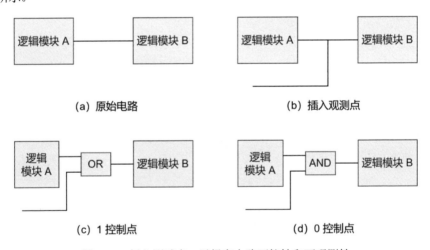

(a) 原始电路　　　　　　　(b) 插入观测点

(c) 1 控制点　　　　　　　(d) 0 控制点

图 8-14　插入测试点，以提高电路可控性和可观测性

扫描设计是为测试服务的，主要包括两个步骤。

第一步是把普通的 D 触发器换成可扫描的 D 触发器，以 Muxed-D 触发器为例，如图 8-15 所示，替换前和替换后在功能上保持一致。

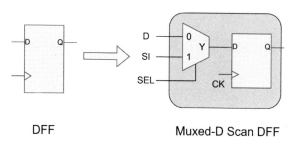

DFF   Muxed-D Scan DFF

图 8-15　普通的 D 触发器被替换成可扫描的 D 触发器

　　第二步是把可扫描的各个触发器的输入和输出连接在一起，形成扫描链，在整个电路的顶层有全局的使能信号，以及扫描链的输入（SI）和输出（SO）信号，如图 8-16 所示。

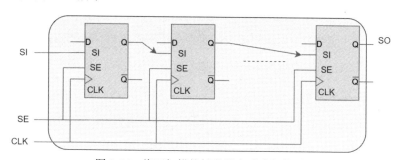

图 8-16　将可扫描的触发器串联成扫描链

　　扫描设计完成后，我们再从芯片全局的角度来看整个扫描过程是如何完成的。图 8-17 是原始电路，其中包含时序电路和组合电路。

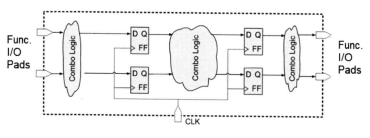

图 8-17　原始电路

了不起的芯片

图 8-18 是插入扫描链之后的电路，可以看到所有的时序逻辑单元前面多了一个多路选择器，并且增加了 Scan-In、Scan-En 和 Scan-Out 端口。

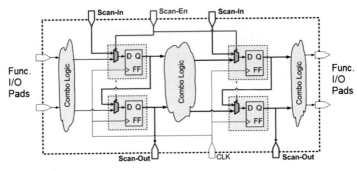

图 8-18　插入扫描链之后的电路

扫描设计完成后，就可以进行扫描测试了。扫描测试分为以下五个步骤。

（1）将 Scan-En 设置为 0，此时电路工作在普通模式下，扫描设计对电路的正常功能没有影响。

（2）将 Scan-En 设置为 1，让时钟翻转起来驱动寄存器，在 Scan-In 端输入测试数据，然后对输出端 Scan-Out 进行观测，用这种方法即可测试所有时序逻辑电路。

（3）测试组合逻辑时，将 Scan-En 设置为 1，在 Scan-In 端输入测试数据，同样让时钟翻转起来驱动寄存器，测试数据便会被送到组合逻辑的输入端。

（4）然后将 Scan-En 设置为 0，打一拍时钟，经过组合逻辑的输出值便会在该时钟边沿被捕捉到右侧的寄存器中。

（5）再次将 Scan-En 设置为 1，使电路工作在移位模式（Shift Mode），此时便可以把组合逻辑的输出值移出来，与期望值进行比较。同时，新的测试数据也被送进电路，进行下一组测试。使用这种方法，组合电路也被测试到了。

经过上述一个测试周期，电路图中的组合逻辑和时序逻辑都被测试到了。扫描设计和扫描原理是 DFT 工程师必须掌握的核心技术之一，经常会作为面试问题出现。

5. 内建自测试

内建自测试（Built-in Self-Test，BIST），是指在设计阶段向电路中植入相关功能电路，用于提供自我测试功能的技术，从而降低芯片测试对自动测试设备（ATE）的依赖程度。BIST 是 DFT 中一个非常重要的分支，它几乎可以应用于所有电路，因此在半导体测试领域被广泛应用。BIST 相关的技术在 DRAM 等存储器中被大量应用，包括在电路中植入测试向量生成电路、时序电路、模式选择电路和调试测试电路。

BIST 技术快速发展的主要原因在于居高不下的 ATE 成本和电路的高复杂度。如今，高度集成的电路被广泛应用，测试这些电路需要用到高速的混合信号测试设备。BIST 技术可以通过实现自我测试来减少对 ATE 的需求。

部分电路很难通过常规的外部引脚被测试到，此时可以考虑采用 BIST 技术。可以预见的是，在不久的将来，即使最先进的 ATE 也无法完全测试运行速度越来越快、复杂程度越来越高的电路，这也是采用 BIST 的原因之一。

芯片中内建自测试的架构如图 8-19 所示，它主要由以下三部分组成。

（1）测试向量生成器（Test Pattern Generator，TPG）：用于自动生成测试向量，灌入被测电路的输入引脚。

（2）输出响应分析器（Output Response Analyzer，ORA）：用于对待测电路的输出进行压缩对比，确定电路是否有缺陷。

（3）内建自测试控制器（BIST Controller）：控制何时将何种数据施加到被测电路上，控制被测电路的时钟，并决定何时读取预期响应。

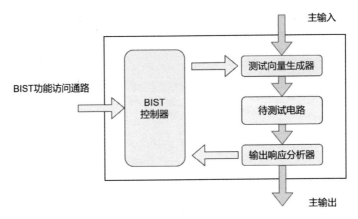

图 8-19　芯片中内建自测试的架构

内建自测试技术可分为两类，一类是逻辑内建自测试（Logic BIST，LBIST），另一类是存储器内建自测试（Memory BIST，MBIST）。LBIST 通常用于测试随机逻辑电路，一般采用基于线性反馈移位寄存器（Linear Feedback Shift Register，LFSR）的伪随机测试向量生成器（Pseudo-Random Test Pattern Generator，PRTPG）产生输入测试向量，将其输入待测试电路；采用多输入特征分析寄存器（Multiple Input Signature Register，MISR）作为输出响应分析器。MBIST 只用于存储器测试，典型的 MBIST 包含用于加载、读取和比较测试图形的测试电路。目前业内通用的 MBIST 算法有 March、March-C、MATS+等。

还有一种比较少见的 BIST 称为 Array BIST，它是 MBIST 的一种，专门用于嵌入式存储器的自我测试。模拟电路内建自测试（Analog BIST）用于模拟电路的自我测试。BIST 技术正在成为高价 ATE 的替代方案，但是 BIST 技术目前还无法完全取代 ATE，在未来很长一段时间内，二者依然会共存。

BIST 技术拥有诸多优点，比如降低测试成本、提高故障覆盖率、有效缩短测试所需时间、方便客户服务、不依赖于 ATE、可以进行独立测试等。但同时它也有缺点，比如会增加额外的电路面积和引脚，还可能存在测试盲点等。BIST 和扫描路径设计一样，是 DFT 工程师要掌握的核心技术。

6. 自动生成测试向量

自动生成测试向量（Automatic Test Pattern Generation，ATPG）是 DFT 工程师的重要工作内容之一，主要目标是根据特定的故障模型生成高效的测试向量，发现电路中可能存在的制造缺陷，尽可能提高故障覆盖率。

举个例子，在如图 8-20 所示的组合电路中，假设 F 处有一短接电源地端的固定 0 型故障，意味着此处的逻辑值无法设置成 1。要想检测到此处的电路缺陷，首先要在 B 端和 C 端施加输入激励 1，经过逻辑与门，可以在 F 处得到 1 值，从而激活目标缺陷。而要将 F 处的值传递到输出端进行观测，A 端就要有一个 0 的输入，经过反相器，即可在下一级与门得到一个逻辑 1 的输入。这样我们就得到了一个能检测到目标故障的结构性测试向量：011（ABC）。在该组合电路没有故障的情况下，我们应该可以在输出 Y 端观测到一个正确的 1 值。而在 F 处有固定 0 型故障的情况下，我们在输出 Y 端就会观测到 0 值，从而检测到 F 处的物理缺陷。

实际上的芯片电路规模非常大，且逻辑很深，所以测试向量也非常复杂。通常测试向量是通过 EDA 工具生成的，根据故障模型、电路的扫描链设计、EDA 研发人员为发现故障而开发的算法（比如 D 算法、PODEM 算法、FAN

算法、AD-Hoc 算法等）、DFT 工程师对必要参数的配置，EDA 即可生成测试向量。最终交付测试工程师，由 ATE 将测试向量灌入芯片内部进行测试。

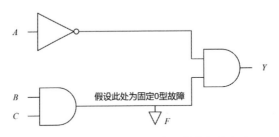

图 8-20　含有固定 0 型故障的简单组合电路

7. 其他必备技能

除以上技能外，边界扫描（Boundary Scan）技术、JTAG 测试协议、测试向量的压缩、设计规则违例（Design Rule Check，DRC）分析、时序收敛、在插入 DFT 逻辑之前和之后的等价性验证等也是 DFT 工程师要掌握的核心技能。

在芯片行业，DFT 工程师比较稀缺，主要原因是国内高校在这方面的研究较少，相关知识也很少出现在必修课中，导致学生对这个岗位缺乏了解，因此从业人员较少。换个角度来看，也正是因为 DFT 工程师的稀缺性，部分公司愿意为 DFT 工程师开出高昂的工资，具有 5 到 10 年经验的优秀 DFT 工程师，年薪可高达百万元。

8.2.4　数字芯片后端设计

后端设计是数字芯片设计流程中的最后一个步骤，是前接前端设计、后接制造的职位。后端设计的存在感和 DFT 一样比较低，但其重要性和薪资却不低。后端设计的职位同样需要掌握大量相关的专业知识，并且依赖经验，同时要求掌握相关的 EDA 工具。图 8-21 所示为数字芯片后端设计技能树。

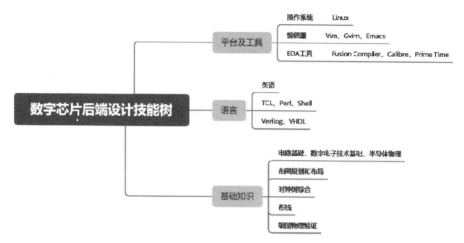

图 8-21　数字芯片后端设计技能树

和前端设计一样，后端设计主要使用 Linux 操作系统，并需要掌握常用的编辑器用法及脚本语言。二者的差别主要体现在使用的 EDA 不同，这是由工作内容本身决定的。由于后端设计更接近制造，芯片物理层面的参数较多，所以后端设计工程师要掌握半导体物理的相关知识。

后端设计工程师的工作通常是从拿到前端设计工程师完成的 RTL 或网表开始的。如果拿到的是 RTL，则需要先使用 EDA 工具（如 Genus、Fusion Compiler 等）做逻辑综合，将其综合成网表。因此，对后端工程师来说，具备逻辑综合的经验是加分项。

拿到网表之后，后端设计工程师就可以做芯片的布图规划和布局了。布图规划和布局的主要工作是摆放芯片的各个模块，比如标准单元（Standard Cell）、IP 模块、RAM、电源、输入/输出引脚等。布图规划是后端设计中非常重要的一步，会直接影响芯片的面积、时序及各个模块的利用效率，因此很考验工程师的经验、对 EDA 工具的理解及使用。

了不起的芯片

布图规划和布局完成后，下一步要做的是时钟树综合（Clock Tree Synthesis，CTS）。超大规模的芯片的时钟可能多达上百个，每个时钟驱动的时序逻辑不同，时钟到达各个时序逻辑单元的时间延迟也存在差异，CTS 的目标就是让时钟延迟最小，将时钟偏移控制在一定范围内。在实际的工作中，后端设计工程师要能够掌握常用的时钟相关的EDA命令，编写标准约束文件，对电路的时序、面积和功耗进行约束，分析同步及异步电路的时序等。

布线是后端设计工程师的另一项重要工作。所谓布线，就是我们常说的"走线"，根据逻辑关系将电路中各个标准单元和输入/输出引脚连接起来，走线的目标是保证关键时序路径上的连线长度最小、避免信号串扰等。同样，布线也比较依赖于 EDA，常用的布线软件有 Synopsys 的 IC Compiler II、Cadence 的 Innovus 等。

芯片大小在方寸之间，其中不仅容纳了上亿个晶体管，还包含导线、电阻、电容、电感等器件。距离较近的器件之间不可避免地会存在互感、耦合等物理效应，导致信号发生延迟、串扰和噪声，进而影响信号的完整性。因此，我们还需要提取寄生参数进行分析验证，避免在传输过程中出现信号错误。提取寄生参数常用的 EDA 软件有新思的 StarRC、华大九天的 Empyrean RCExplorer 等。

后端设计的最后一步是版图物理验证，其中最主要的两项检查分别是设计规则检查（Design Rule Check，DRC）、布局与门级电路原理图对照验证（Layout Versus Schematics，LVS）。常用的 EDA 工具有 IC Validator、Calibre 等。

除以上工作外，后端设计工程师还要做很多其他的工作，包括静态时序分析、功耗分析、插入与逻辑无关的填充物以满足设计规则的要求，以及在 RTL 不可以再改动之后，对门级网表进行直接修改，并且对一小部分逻辑进行重新连线等，即 ECO（Engineering Change Order）。在完成所有工作后，物理版图最终以 GDSII 的格式交给制造厂进行制造。至此，后端工程师的工作全部结束。想要成为一名合格的后端设计工程师，不仅要掌握以上必备的知识，还需要在实际项目中多加锤炼，一名经验丰富的工程师永远不会被市场抛弃。

8.2.5　模拟芯片设计

模拟芯片是区别于数字芯片的一大类产品。模拟芯片主要用于处理连续函数形式的模拟信号，如声音、光、温度、速度等，并对模拟信号进行采集、放大、形式变换和功率控制。模拟芯片虽然市场占有率并不高，但种类繁多，从功能上可以分为电源管理类、信号链类和专用模拟芯片，如图 8-22 所示。

● 电源管理芯片主要在电子设备系统中担负对电能的变换、分配、检测及其他电能管理等职责。现代电子设备都是依靠电能进行驱动的，所以电源管理芯片的应用十分广泛。电源管理芯片包括电源监控、电源管理、电压转换器、驱动电路、稳压器、隔离电源等芯片。

● 信号链芯片是一个系统中信号从输入到输出的路径中使用的芯片，包括信号的采集、放大、传输、处理等功能。信号链芯片有接口芯片、放大器、比较器、数据转换器、传感器、模拟开关、逻辑类芯片等。

● 专用模拟芯片是根据具体的应用领域，如计算机、工业控制、汽车电子、消费电子等对芯片进行划分的。

与数字芯片设计相比，模拟芯片设计的理论知识较为晦涩，工作内容的自动化程度不高，更加依赖经验，所以资深的模拟芯片设计工程师薪资上限也非常高。模拟芯片设计技能树如图 8-23 所示。

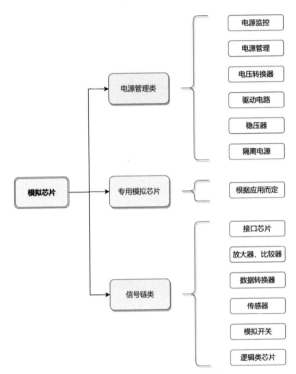

图 8-22　模拟芯片的种类划分

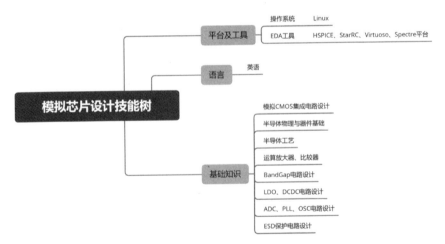

图 8-23　模拟芯片设计技能树

模拟芯片设计通常用 Linux 操作系统，常用的 EDA 工具有 Cadence 的 Virtuoso 和 Spectre、新思科技的 HSPICE 和 StarRC。其中，Virtuoso 主要用来做模拟设计，Spectre 用来做模拟仿真，HSPICE 是模拟电路仿真器，StarRC 主要用于寄生参数的提取。

模拟芯片设计工程师日常英文用得比较多，包括阅读设计文档、使用 EDA，以及阅读相关书籍和论文。在模拟芯片设计中，脚本语言用得比较少。

模拟芯片设计更接近半导体器件物理层，所以对相关基础理论知识的掌握要绝对扎实。要学习模拟电路，建议参考毕查德·拉扎维（Behzad Razavi）的著作《模拟 CMOS 集成电路设计》，这本书组织结构严谨、内容丰富且循序渐进。在阐述原理和概念时由浅入深，理论与实际结合，提供了大量现代工业中的设计实例。这本书也是加州大学洛杉矶分校的教材，被业内很多工程师奉为"圣经"。

对半导体物理与器件基础的学习，主要涉及常见的器件，如电阻、电容、电感、二极管、三极管、MOS 管、整流桥、电流镜等的器件结构、工作原理、功能特性，并要了解半导体制造工艺的流程。

对于常见的模拟电路设计过程，我们需要理解运算放大器和比较器的工作原理，以及设计中涉及的基本概念，包括增益、噪声、温度漂移、共模抑制比、电源电压抑制比等。BandGap 电路在模拟芯片中应用广泛，要掌握其设计原理和分析验证方法。LDO 和 DCDC 都属于电源芯片模块，我们需要学习它们的设计方法和工作原理，并能分析二者的不同点。ADC、PLL、OSC 等也都是模拟电路的经典模块，同样要掌握其基本原理和设计方法，并能够独立完成电路的仿真验证工作。ESD 是芯片的保护电路，我们要学习常见的 ESD 模型，理解 ESD 的失效机理，并掌握 ESD 电路的设计。

模拟芯片设计涉及的知识很多，且每一部分知识都值得深入研究。模拟集成电路设计的特点是设计难度大、参数多。如果说数字芯片设计主要考虑的是性能、功耗和面积之间的平衡，那么模拟电路则要考虑速度、增益、精度等参数的平衡。模拟电路的特点决定了模拟芯片设计是一个门槛高的职位，入行不易，且该职位的需求量要比数字芯片少得多。建议非科班毕业的同学在入行模拟芯片设计之前考虑充分，三思而后行！

8.2.6　模拟版图设计

模拟版图设计是对已创建的电路网表进行精确的物理描述的过程。这一过程需要满足设计流程、制造工艺和电路性能仿真验证中的约束条件，从而保证芯片的性能，减少工艺制造对电路造成的偏差，提高芯片的精准性。模拟版图设计处在模拟芯片设计流程的后端，前面承接芯片设计，后面对接工艺和封装，是一个不可或缺的岗位。

对想要入行的同学来说，模拟版图设计的岗位比较友好，比模拟芯片设计的门槛低。模拟版图设计技能树如图 8-24 所示。

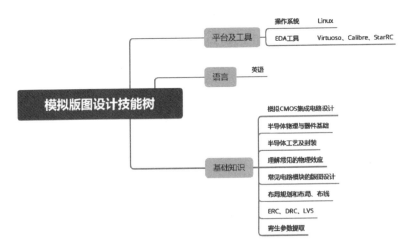

图 8-24　模拟版图设计技能树

模拟版图职位主要使用 Linux 操作系统，常用的工具有 Virtuoso、Calibre、StarRC，分别用于版图规划、布线、寄生参数提取等工作。在工作中很少涉及编程和脚本语言，但英文依然无处不在，如 EDA 软件及相关的手册、芯片规格书等。

要胜任模拟版图设计岗位，依然建议学习模拟芯片设计的基础知识，但不需要像模拟芯片设计工程师理解得那么深入，只要做到有问题可以独立分析、与芯片设计工程师交流顺畅即可。半导体物理及器件基础是这个职位的必修课，对这部分内容的掌握和理解程度要与模拟芯片设计工程师一样透彻。在流程上，模拟版图设计与制造距离较近，所以要了解常用的半导体制造工艺及流程，将器件结构与工艺相结合，更容易加深对版图设计的理解。

我们需要理解常见的物理效应，比如寄生效应、天线效应、闩锁效应，了解为什么会产生这些效应，以及掌握消除或削弱这些效应的方法。此外，还要掌握常见的模拟电路模块的版图设计、布局规划及布线的基本原则。接下来要进行 DRC、LVS 和 ERC，如电源、地、信号的输入/输出端连接问题。常见的问题有开路、短路、接触孔悬浮等。检查完成后，要借助 EDA 工具进行寄生参数提取和后仿真，最后将 GDSII 文件交付制造厂。

随着模拟芯片国产进程的加速，以及芯片下游需求的逐渐增多，近年来模拟版图的职位容量稳中有升。如果想加入芯片设计行业，但专业背景并不是特别强大的同学，可以考虑首选模拟版图设计领域，尽管薪资与模拟芯片设计有一定的差距，但相比传统的工科行业还是有一定优势的。

模拟芯片领域的格局较为稳定，德州仪器、ADI、英飞凌等国际公司处于全球领先的地位，但并未形成完全垄断的局势。国内的模拟芯片公司发展迅速，具有代表性的企业有韦尔半导体、圣邦微电子、纳芯微电子、艾为电子、上海贝岭等。

8.3 芯片工程师的工匠精神

工匠精神，最早出现于《诗经》中的"有匪君子，如切如磋，如琢如磨"，反映了我国古代工匠在雕琢器物时执着专注、一丝不苟的认真态度。这种精益求精、追求卓越的精神品质早已从传统文化融入了中华民族的血液当中。

古有庖丁解牛、梓庆削木为𬭁、津人操舟若神等手艺人诠释工匠精神，尽管现代传统的手工艺工作已经显著减少，但工匠精神在新时代仍然发挥着重要的作用。在航空航天、基础工程建设、制造业等领域，工匠精神随处可见。工匠，于国是重器，于家是栋梁，于人是楷模，在从"中国制造"向"中国创造"迈进的时代背景下，我们更呼唤工匠精神。

工匠精神中踏实专注、钻研技艺的精神内核，放在芯片设计及制造领域再合适不过了。芯片的大小在方寸之间，但对工程师来说，芯片就是他们的整个世界！

8.3.1 性能篇

性能是芯片最重要的指标之一，在智能手机、个人电脑领域，每年都会发布性能较上一代产品有所提升的芯片产品，包括架构革新、频率提升、每个时钟周期执行更多的指令数（Instruction Per Clock，IPC）等。除了官方公布的数据，还会有数码产品博主从不同的维度对产品进行性能测试，为消费者提供购买指南，大多数消费者更看重 CPU 的性能表现。

为了提升 CPU 的性能，工程师可以说使出了浑身解数，比如提升频率、堆核、加大缓存等。事实上，芯片经过了几十年的发展，在多数性能的维度提升上都遇到了瓶颈或者挑战。我们每年在新品发布会上看到的性能提升，背后都是芯片设计工程师埋头打磨一年的成果，也是工匠精神的极致体现。

芯片能始终保持进步，本身就是一个奇迹！

8.3.2 面积篇

在空间有限的消费电子产品中，缩小芯片面积十分重要，减小面积意味着成本和功耗的降低，以及某些角度上性能的提升。

芯片的裸片是从一块 12 英寸（常见的还有 8 英寸和 6 英寸）的晶圆上切下来的，单个芯片裸片的面积越小，一块晶圆能够切割的裸片就越多。在图 8-25（a）中，单个裸片的面积较小，一块晶圆可以切下 16 块完整的裸片，从而获得 16 颗芯片；在图 8-25（b）中，单个裸片的面积较大，最终只能获得 4 颗芯片。在单块晶圆成本相同的情况下，面积小的芯片成本自然会降低。

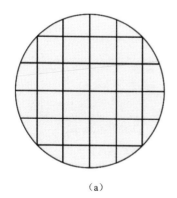
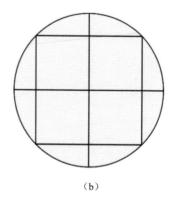

（a）   （b）

图 8-25　不同的裸片面积，单块晶圆的切割效果

了不起的芯片

芯片面积不仅影响成本，还会影响良率。在芯片的制造过程中，灰尘、静电等会造成缺陷，进而导致电路出现故障。如图 8-26（a）所示，假设一块晶圆上有 3 处故障，那么在 16 颗芯片中有 3 颗是坏的，良率为 81.25%；在图 8-26（b）中，4 颗芯片中有 3 颗是坏的，良率仅为 25%。良率是芯片量产的重要指标，大规模量产的芯片，如果良率过低，会导致亏损。[1]

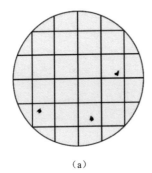 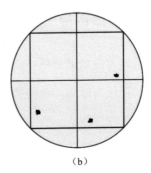

（a）   （b）

图 8-26   裸片面积对良率的影响

现代的逻辑综合工具在对 RTL 进行逻辑综合时，也会对面积进行优化。但 EDA 不是万能的，芯片设计工程师在做 RTL 设计时也应该发挥工匠精神，注意节约面积，做到精益求精。举个简单的例子，比如在 RTL 中要设计一个比较电路，判断 A 的值是否小于 32，然后为 B 赋不同的值，那么可以用如下代码来实现：

```
if (A < 32)
    B <= 0;
    A <= A + 1;
else
    B <= 1;
```

---

[1] 为便于读者理解芯片面积的重要性，此处简单举例说明。在实际工程中，芯片面积是由多种因素共同决定的。

将 32 用二进制表示为 6'100000，共 6 比特。在综合成电路时，以上代码
会综合出一个 6 比特的比较器。

下面换一种思路，如果 A 比 32 小，那么 A[5]（代表 A 的第 6 位，也是
最高位）一定为 0，因此可以通过判断 A[5]是否为 1，来判断 A 是否小于 32。
根据这个思路，我们可以重新编写 RTL 代码如下：

```
if (A[5] = 1'b1)
    B <= 1;
else
B <= 0;
A <= A + 1;
```

在综合成电路时，以上代码只需要 1 比特的逻辑门，就可以实现 6 比特
的比较器的功能，从而达到节约面积的目的。[1]

在实际的设计过程中，节省面积的策略多种多样，比如资源共享、逻辑
模块复用、选择合适的 RAM、减少不必要的寄存器等。3.10 节中介绍了流水
线，应用流水线技术也会增加额外的面积，在时序允许的情况下，可以适当
减少流水线级数，从而缩小面积。通常，优化面积是通过减少门电路实现的，
同时减小了门电路间信号传输的延迟，进而提高了性能。由此可见，面积和
性能在设计是既对立、又统一的矛盾结合体，所以工程师需要不断对设计进
行打磨，在性能和功耗都满足要求的情况下尽可能减小面积。

8.3.3　功耗篇

如今，便携式的电子设备在日常生活中越来越普及，手机、平板电脑、

---

[1] 此处仅从设计角度举例如何减小面积，现代的 EDA 越来越智能化，以上两种 RTL 代码经过 EDA 综
合后，也有可能得到相同的门级电路。

了不起的芯片

智能手表已成为年轻人的"标配"。除便携式设备的性能和体积以外，其续航能力是人们最关心的问题。

电子产品功耗过大会产生更多的热量，设备过热会影响器件工作，手机和电脑会因此出现卡顿的现象。电子产品长时间工作在高温下，甚至会影响其使用寿命。在设计电子产品时，要考虑如何散热，增加散热设备也会增加散热成本。作为芯片设计工程师，终极目标是设计出一款低功耗的芯片，同时不能过多地牺牲性能和面积。想要实现这个美好的愿景，我们需要对低功耗设计有一个全面的了解。

首先是低功耗设计中的基本概念。在芯片中，功耗主要指动态功耗（Dynamic Power）和静态功耗（Static Power）。在电路中，有信号翻转就会存在动态功耗（I_{switch}），而静态功耗（I_{leak}，也叫漏电功耗）是一直存在的，如图 8-27 所示。通常，动态功耗远大于静态功耗，但是因为静态功耗是一直存在的，所以我们也不能忽略它。

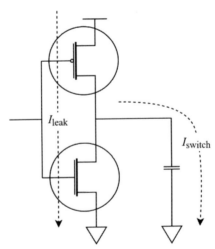

图 8-27　动态功耗及静态功耗

动态功耗的计算公式为 $P_{dynamic} = 1/2\ CV_{DD}^2f$，其中 C 为负载电容，V_{DD} 为工作电压，f 为工作频率。根据动态功耗的计算公式可知，我们可以通过减小工作电压、减少对电容的充放电、降低工作频率或时钟翻转率等方式降低动态功耗。

静态功耗的计算公式为 $P_{static}=I_{DD}V_{DD}$。根据静态功耗的计算公式可知，我们可以通过降低工作电压、采用漏电更小的晶体管等方式降低静态功耗。

低功耗设计的方法主要有四种：基于门控时钟（Clock Gating）的低功耗设计、基于电压域（Voltage Domain）的低功耗设计、采用多阈值库（Multi-Threshold Libraries）的低功耗设计、改进 RTL 的低功耗设计。

1. 基于门控时钟的低功耗设计

该方法的设计思想是当系统的某一部分不工作时，我们可以通过控制其时钟不让它翻转，从而节省一部分功耗。举个例子，当我们使用手机打游戏时，通话模块是不工作的，我们可以停掉通信部分模块内部时钟的翻转，从而节省功耗，延长手机续航。

此设计主要是通过插入时钟控制单元（Clock Gater，CG）来控制时钟的翻转，我们可以在设计中手动插入，但通常是由 EDA 工具在逻辑综合步骤自动插入 CG 的。

例如，如下 Verilog 代码对应的硬件电路如图 8-28 所示，这是一个前接 Mux 的 D 触发器。

```
always @ (posedge clk)
if (en)
Q<= D;
```

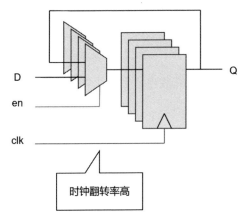

图 8-28　前接 Mux 的 D 触发器

我们可以通过插入 CG 来减少一些不必要的时钟翻转，插入 CG 后的硬件电路如图 8-29 所示。

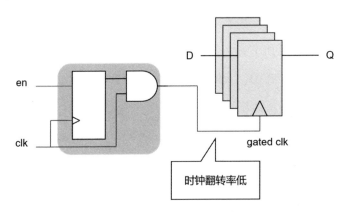

图 8-29　插入 CG 后的 D 触发器

图 8-30 是做得不够理想的时钟门控波形图，DFF 中间有一段时间没有发生数据变化，但时钟仍然处于使能状态下不停地翻转，进而增加了不必要的功耗。

266

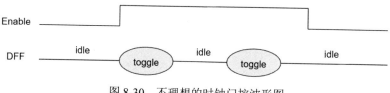

图 8-30　不理想的时钟门控波形图

为了节省功耗，我们可以在 DFF 处于 idle 时把 Enable 信号置为 0，从而控制时钟的翻转，达到节省功耗的目的，如图 8-31 所示。

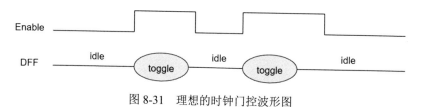

图 8-31　理想的时钟门控波形图

在使用门控时钟技术时，通常需要遵循以下原则。

（1）通常在寄存器位宽大于等于 4 时添加时钟门控单元。因为添加时钟门控单元也会增加面积和功耗，所以要综合考虑。比如，如果只有一位寄存器，加入时钟门控单元后的功耗可能比不加时还要高，而且增加了电路的面积，所以此时不需要加入时钟门控单元。

（2）在加入时钟门控单元之后，要保证原本的电路功能不变。

2. 基于电压域的低功耗设计

根据功耗的计算公式可以看出，电压与功耗有着密切的联系，因此我们可以考虑通过降低电压来降低功耗。常见的多电压域设计技术有以下三种。

（1）芯片中模块 A、模块 B 和模块 C 属于不同的电压域，每个电压域有固定的电压，如图 8-32（a）所示。

（2）芯片中模块 A、模块 B 和模块 C 属于不同的电压域，各电压域有监

了不起的芯片

控单元，可以根据实际的应用场景来自动调节电压，如图 8-27（b）所示。

（3）各电压域具有多个固定的电压，由软件决定选择使用哪一个电压，如图 8-27（c）所示。

图 8-27（a）中为各模块分配的电压是固定的，图 8-27（b）和图 8-27（c）为各模块分配的电压是动态的。

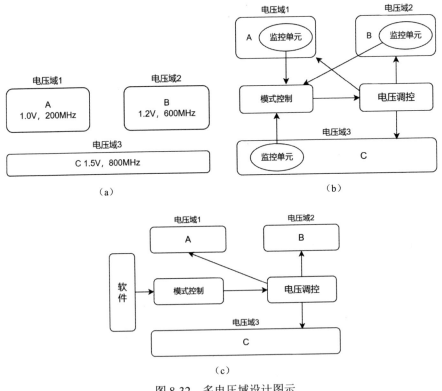

图 8-32　多电压域设计图示

这里要提到动态电压频率调整技术（Dynamic Voltage and Frequency Scaling，DVFS），该技术通过将不同电路模块的工作电压及工作频率降低到恰好满足系统的最低要求，来实时降低系统中不同电路模块的功耗。

268

电路模块中的最大时钟频率和电压紧密相关，针对一个电路，如果我们能够估算出它必须做多少工作才能完成当前的任务，那么就可以从理论上将时钟频率调低到刚好能完成该任务的水平。降低时钟频率意味着可以同时降低供电电压，频率和电压同时降低，功耗就大幅降低了。这就是 DVFS 的基本思想。DVFS 技术属于电压的动态管理方法，可以通过软件和硬件方式实现。

3. 采用多阈值标准单元库的低功耗设计

在特定工艺制程下，芯片制造商都会提供多种阈值的标准单元库。低阈值标准单元库速度快但功耗高，特别是静态功耗是高阈值标准单元件的若干倍。高阈值标准单元库延时大但功耗低。因此，在做综合或者后端设计时，要在性能与功耗之间做好平衡。在保证性能和面积的情况下，尽可能使用高阈值库单元件来降低功耗。

4. 改进 RTL 的低功耗设计

在做芯片功能设计时，要实现同样的电路功能，设计方法不止一种。如果对当前项目来说，功耗是一个非常重要的指标，那么就需要考虑优化电路设计，尽可能降低功耗。

功耗分析的常用工具有 PTPX 和 Power Artist。PTPX 是基于波形来分析功耗的，可以在不同的设计层级给出详细的报告。Power Artist 擅长基于 RTL 来分析功耗，也可以基于波形进行动态分析，还可以在没有波形的情况下进行静态功耗分析。在分析报告中，我们可以根据时钟门控的效率给出降低功耗的合理建议。芯片设计工程师在做功耗分析时，要从芯片的不同层级进行逐层分析，对时钟门控的效率要做到一丝不苟、锱铢必较。手机和电脑在休眠状态下，要求时钟门控的效率达到 99%，甚至更高。要达到如此高标准，我们就要对整个设计抽丝剥茧，逐个分析芯片的模块，发挥工匠精神，不能放过任何一个可能浪费功耗的单元，直至将功耗优化到极致！

通常，降低功耗势必会使其他方面受到影响，比如面积、性能等。对功耗的优化也要根据具体的产品和场景而定，比如台式机可能更注重性能，手机更注重性能和功耗的平衡。

对芯片来说，降低功耗确实是有益的，但在实际的项目执行过程中，还要考虑项目时间表是否紧急、工程师人手是否充足等。因此，在芯片设计过程中充满了权衡的艺术，忽略其他条件而一味地降低功耗是不可取的！

8.4 芯片工程师的职业发展路线

芯片工程师这个岗位的特点是"双高"，即门槛高、上限高。迈入门槛之后，如果想在芯片领域实现职业价值，那么职业生涯规划是"必修课"。正所谓"知己知彼，百战不殆"，对职业晋升有了清晰的认识之后，我们才能对自己有精确的定位，更好地把握努力的方向，勇敢攀登芯片的珠峰。

8.4.1 职业发展路线概览

大多数职场新人会对未来充满迷茫，也有人对自己的职业生涯充满了向往，并为自己设定了短期目标或长期规划。现在的职场人士越来越注重职业生涯的规划，有的同学甚至在择业之初就会考虑整个行业发展的上限。芯片设计属于技术密集型的行业，职业生涯上限非常高。纵观芯片工程师的整个职业生涯，大概可以分为两条路线，即技术路线和管理路线，如图 8-33 所示。

不同规模的公司对职级的划分不尽相同，本节综合业内一些大中规模公司的职级设置，对晋升途径做详细的介绍。

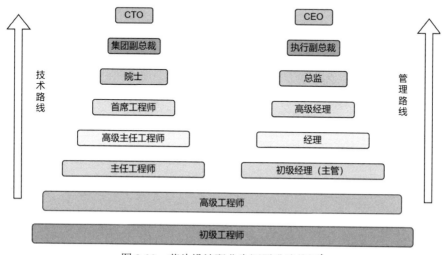

图 8-33 芯片设计职业生涯晋升路线图[1]

级别一：初级工程师是大多数本科生和硕士研究生的职业生涯起点。这一阶段的主要目标有两个，一是学习本岗位所需要的知识，二是完成上级分配的任务。初级工程师尚未建立完整的知识体系结构，项目经验较少，通常很难独立完成工作，所以需要更高级别工程师的指导。公司对初级工程师的期望不会太高，相对包容，所以建议初级工程师在此阶段通过不断地快速试错，努力提升自己的技术实力。

级别二：高级工程师是初级工程师的进阶。晋升年限一般是"硕三本五"，即硕士毕业三年或者本科毕业五年，博士毕业生可以直接拿到高级工程师的

---

[1] 此职级图仅供参考，不同公司略有差异，例如：在 A 公司，院士和总监平级；在 B 公司，院士比总监高一级；在 C 公司，总监比院士高半级；等等。

职位。高级工程师一般拥有 2 到 3 次左右的流片经验，能独立完成任务，同时可以为初级工程师提供指导和帮助。高级工程师在公司的占比较大，是做项目的主力军之一。初级工程师和高级工程师都主要做技术，提升技术实力是这两个阶段的第一要务！

级别三：主任工程师是做项目的另一个主力军。高级工程师经过三年左右的历练可以升为主任工程师。在不同的外企，主任工程师有不同的叫法，有的叫作 Staff，有的叫作 MTS（Member of Technical Staff），国内公司通常以 E（Engineering）或者 P（Profession）开头定义该级别，比如阿里巴巴平头哥的 P7、P8 等。主任工程师可以独立承担项目，同时为初级工程师在技术上提供指导。

与主任工程师对应的管理岗是初级经理，也可以叫作主管。不同的公司对初级经理的级别设置不同，有的与主任工程师平级，有的比主任工程师高半级。初级经理的工作职责不仅仅限于技术，还要负责项目管理、任务分配、进度追踪、同部门及跨部门的沟通协调、人事管理等。初级经理通常会带一个由几个人组成的小团队，目的是积累管理经验，为后续升为经理、管理 10 人以上的团队做准备。大多数工程师靠工作年限基本可以达到这个级别。同时，到了这个级别，技术和管理两个方向开始崭露头角，但毕竟管理岗位有限，能否顺利走上管理岗取决于技术、能力、机遇、人脉等多方面的因素。

级别四：第四个级别的技术和管理岗位分别对应高级主任工程师和经理。对芯片工程师的整个职业生涯来说，这个级别是一个分界线，因为晋升到这个级别是很有难度的，要么有过硬的技术能力，要么有突出的管理能力，总之要能够向公司证明自己的价值。从公司层面来说，对这个级别的晋升把控也很严格。高级主任工程师通常负责技术的某一个方向，如参与芯片微架构的制定、流程的开发、担任整个团队的技术顾问、探索新的技术方向等。经理通常负责整个团队的管理工作，包括：项目管理，如项目的执行、工程师资源的调配、项目进度的跟踪、对外部的沟通交流等；团队建设，如帮助组内人员提升个人能力、组织技术分享、做技术相关的决策、改进工作流程、发布团队的项目及研究成果等；人事管理，如级别评定、薪资调整、招聘新员工、团队建设等。经理需要冲在一线，工作内容纷繁复杂，既要完成上级定下的目标，又要面对下属提出的种种问题，说他们是公司最忙的一群人都不为过。

级别五：第五个级别的技术和管理岗位分别对应首席工程师和高级经理。在国内的芯片公司中，首席工程师的比例在百分之一左右，做技术的工程师想达到这个级别，必须保证技术炉火纯青，并能拿到公司中重要的项目。首席工程师也是超大规模芯片中微架构的负责人，负责探索新的技术方向、持续改进架构来提升性能。高级经理负责的团队规模更大，可达几十人，包括初级经理、经理、高级主任工程师等团队都要向高级经理汇报。高级经理会将相当一部分精力用在团队管理上，但依然要对业界的前沿技术保持敏感度。

级别六：第六个级别的技术和管理岗位分别对应院士（Fellow，也可称作科学家）和总监（Director）。院士级别是很多工程师追求的终极目标，一家大公司的院士的影响力已经不再局限于其任职的公司了，而是在业界都享有崇高的声誉。国内的初创公司对大公司的院士求贤若渴，如果能挖到一位院士担任 CTO，那么不仅可以为公司的技术实力背书，而且有利于融资。院士自带光环，地位堪比技术圈的"偶像"，拥有众多技术粉丝。此外，部分公司还会设置高级院士和高级总监等级别。

级别七：无论做技术还是管理，职业生涯下一阶段都会向上升为副总裁

（Vice President，VP）。有的公司对总裁级别的划分会更细，比如集团副总裁、高级副总裁、执行副总裁（常务副总裁）等。总裁是一个业务部门的总负责人，也是一家大公司中名副其实的高管。

级别八：CTO 和 CEO 是一家公司除董事会以外的技术和权力的巅峰，也是所有芯片"打工人"所能达到的最高级别。

以上的晋升路线和所需年限仅代表大方向和趋势，根据公司和个人情况的不同，实际情况会有所差异。不过从中可以看出，在芯片行业中要升为中高层绝非易事，在实现梦想的路上从来没有捷径！

8.4.2 技术路线

史蒂芬·柯维博士是一位著名的管理思想家，他的著作《高效能人士的七个习惯》让无数职场人受益。在七个习惯中，第一个习惯就是积极主动。积极主动不仅是指行事的态度，还意味着人一定要为自己的人生负责，这种理念在芯片行业中依然适用。

1. 积极主动是一切的基础

技术专家的技术实力一定要过硬，在公司的某一个技术方向拥有最终解释权。技术实力的提升不是一蹴而就的，而是来自多年的经验积累，以及对前沿科技领域动态的探索和挖掘，可以说这是一场漫长的修行。这需要工程师在日常工作中善于自我驱动，主动去解决问题，而不是逃避问题。芯片相关的问题最终是必须要解决的，否则就无法流片，或者即使流片也无法使用。主动解决问题会让你在工作中感觉更舒适，也更容易获得领导和同事的好评。

2. 寻找适合自己的导师

初入职场或者入职一家新公司，有一个合适的导师是非常重要的。职场新人在工作中难免会面对很多问题，遇到问题时可以多深入思考，如果无法解决再去请教同事，切忌遇到问题不经思考就问别人。如果问题比较多，建议去请教不同的同事，避免占用某个同事大量的时间，毕竟每个人都有自己的工作。

事实上，导师并不局限于在技术上带你入门的人，也不是只能有一位。就我个人而言，正式和非正式的导师多达四五位。他们在技术、管理、公众演讲等诸多方面都非常优秀，给我提出了很多非常实用的建议。正所谓"前人栽树，后人乘凉"，善于借助导师的力量，会让你的职业生涯少走很多弯路，尤其是在芯片这样一个看重经验的行业。一位优秀的导师是愿意花时间来指导你的，我认识的导师都非常无私，我曾问过他们为什么愿意花宝贵的时间向同事或者在工作上没有直接关系的人倾囊相授，得到的答案让我颇为意外："我的导师曾经也对我毫无保留""我们之间不是师生关系，而是朋友，互相成就""我也可以从你身上学到很多"……他们的答案和人格魅力让我很受触动。正所谓"好风凭借力，助我上青云"，放心去寻找适合自己的导师吧！

3. 敢于迎接挑战，善于钻研

当部门接到一项新任务时，我们可以主动去承担。成熟芯片的设计工作远不如从零开始设计一个芯片或者模块给工程师带来的帮助大。新的问题可以促使你去学习新的知识，建立自己的知识体系结构，培养乐于思考的习惯，这是成为技术专家的必经之路。

4. 保持乐观，坚定信念

在刚参加工作一年多时，我承担了一项比较艰难的工作，客户陆续提出很多新需求，我听到这些需求时，表情也开始变得逐渐扭曲。在接下来的一周内，项目进展缓慢，在技术上也遇到了瓶颈。一天中午，我的领导带我去拜访客户，我一言不发，他似乎察觉了我的心思，便对我说："项目虽然难了点，但是技术上的问题最终都可以解决，做工程师比较幸运的一点是只需要搞定技术，从某种层面来说，比搞定人要容易。"当时我对这句话半信半疑，直到多年以后，在职业生涯中很多艰难的时刻我都挺了过来，我才逐渐相信这一点。回过头看，那些曾以为翻不过去的山、渡不过去的河，也不过如此。工作和打游戏一样，要不断去打败更强大的怪兽，才能成就更强大的自己。

5. 多复盘总结，养成记录的习惯

俗话说，好记性不如烂笔头，定期记录自己遇到的难题及解决方案，并在公司内部进行分享，能够帮助我们更深刻地理解知识。判断自己是否真正理解问题的最好办法，就是能否向他人解释清楚问题。这是对费曼学习法（详见 8.4.5 节）最好的应用，并且可以提升自己的表达能力和在公司的影响力。

6. 文档编写及管理能力

在芯片设计中，我们都是根据设计文档（Design Spec）来设计电路的，所以编写文档的能力也很重要。文档中要有综述、设计的顶层架构、每个模块的微架构，并要细化到每个寄存器。除此之外，我们在日常工作中也会使用脚本语言开发新的工具，因此要为自己开发的工具编写明确的文档，便于同事使用。写文档看似对工程师的帮助不大，其实很考验工程师对设计的理

解程度，写文档的过程也是重新梳理思维的过程。若要成为技术专家，将来必不可少地会参加技术论坛、发专利，甚至参与 ISSCC 等业界顶级会议，良好的表达能力可以让你在这些领域脱颖而出。因此，不要忽略这些看似不起眼的小事，它们是我们构建自身核心竞争力的重要因素。

7. 养成高效的工作方式

8.4.4 节介绍了如何保持专注，避免工作时间碎片化。芯片设计相关的工作大多需要大块连续的时间去完成，分心很容易出错，且影响效率，因此建议形成令自己舒适的工作节奏，平衡好工作和生活。

很多初入职场人的目标是成为技术专家，但真正能成为技术专家的人寥寥无几。走技术路线注定会遇到很多挫折，每一次面对挫折的态度都可能影响职业生涯的走向。短期来看，工作难免会受到很多外界因素的影响，但长期来看，我们最大的敌人只有自己。希望每一位有志于成为技术专家的同学都能不忘初心、砥砺前行！

8.4.3 管理路线

芯片公司的管理层人士大多数是技术出身，比如英特尔的首任 CEO 罗伯特·诺伊斯及第二任 CEO 戈登·摩尔、AMD 现任 CEO 苏姿丰、台积电的创始人张忠谋等。因此，管理路线会成为部分工程师的选择。

大多工程师并没有接受过专门的管理培训，所以在确定走管理路线之后，首先要学习管理相关的知识和技巧。管理过程中不仅要和技术打交道，还要和人打交道，最简单的办法就是学习自己的老板是如何管理团队、分配任务及处理问题的。其次要发掘自己的领导风格、理解自己的角色——管理者到底

了不起的芯片

要做什么。堀之内克彦在《10人以下小团队管理手册》给出了明确的定义：管理者是通过下属实现公司愿景的人。

在芯片行业走管理路线，我们可以从以下几个方面锻炼自己的能力。

1. 沟通交流的能力

沟通交流主要有面对面的形式、会议交流和邮件交流。在交流之前，我们应该充分了解对方所掌握的信息，能够站在对方的角度，用最简洁的语言清晰地表达自己的想法及观点，这是高效工作的基础。尤其是在外企，不同地区的同事不在一个时区，邮件的回复周期长，反复低效的邮件交流会影响项目推进效率。想提高自己的交流能力、表达能力和领导才能，推荐参加国际演讲会头马俱乐部（Toastmasters Club，TMC），它在国内的多数大城市都有组织。

2. 推进问题解决的能力

有些问题，我们只靠自己无法解决，但是如果能借助公司中的同事或者资源把问题搞定，那么依然能得到老板的认可。在项目的执行过程中，遇到难题难免会影响进度，推进问题的解决是积极主动且富有责任感的表现。作为工程师，我们可以被动地接受领导的安排，但想要成为管理者，就必须具备主动解决问题的意识。

3. 合作能力

芯片设计的工作不适合单打独斗，合作是必不可少的。所谓合作，是要发挥每个人的优势，达到1+1>2的效果。但在实际工作中，合作可能并非都产生正面的效果。比如，如果项目出现问题，但双方都有责任，如何防止被对方把责任全部都推到自己头上呢？如果 SoC 要求要在一个月内完成某个 IP 的设计，但你经过充分衡量后，认为至少需要一个半月的时间，那么如何说服对方接受你的提议呢？这些都是合作带来的常见问题，且处理起来比较棘手。合作能力要求我们跳出工程师思维，拥有良好的合作能力也是成为管理者的必经之路。

4. 多提想法和建议

杰克·韦尔奇在他的管理学著作《赢》中给那些想成为管理者的人提出了一个建议——"要争取受到关注"，而多提想法和建议是最容易的争取受到关注的方法。提出想法不仅有助于自己思考，也有助于和他人交流自己的想法。如果自己的想法和建议被采纳，得到领导的认可，那么对未来的职业生涯会产生潜移默化的积极影响，这是为团队及公司做贡献的最好证明。

5. 言出必行，重视承诺

一款芯片从立项到流片的周期通常是一年甚至更久，在芯片没有量产及出货之前，公司是没有收入和利润可言的。因此，我们在日常工作中要谨慎承诺项目时间表，尽量在承诺时间内按时完成任务，避免延期。一旦延期会影响整个项目的进度，从而影响公司的计划，甚至影响芯片的市场占有率。重视承诺就相当于积累你在同事眼中的信誉值，这或许是将来决定你的职业生涯走向的重要因素之一。

6. 向上管理

向上管理经常出现在职场类的著作或课程中，但遗憾的是，工程师群体的向上管理的意识整体较为薄弱。如果想走管理路线，学会向上管理是一个很好的开始。

　　向上管理的第一个要点是在心理上有一个转变，虽然在公司的关系架构中，领导是你的上级，但你要从心理上把领导当作同级的同事。部分职场新人由于种种原因会惧怕领导，把领导当作绝对的权威，久而久之，工作会变得被动。我们日常可以多尝试了解领导，拉近与领导的距离，了解其领导风格，从而了解他在做决策时的偏好。

　　向上管理的第二个要点是充分沟通，建立信任。很多人惧怕和领导沟通，向上管理就要打破这一点。除了每周固定的项目会议，在项目出现问题或者进展不顺利时，都可以主动找领导交流，正式的会议交流或者非正式的交流都可以。不建议把问题都放到每周的会议上，以免造成延期。作为员工，平时我们都是被领导催进度，通过转变角色，变成你来管理领导，让领导主动了解你的进度。

　　向上管理第三个要点是帮助领导节省时间，提高工作质量。当与老板同处一个团队中被分配一个任务时，领导往往没有过多的时间去仔细分析任务细节。此时，作为工程师的你可以协助领导过滤信息、提炼问题，并给出解决方案，最终提交领导做决策，同时表达自己的看法。

　　向上管理是我们与领导互相成就的过程。作为一个团队，我们的利益和目标是一致的。员工的工作目标是服务于上级的工作目标，如果能以负责任、替上级分忧的心态来完成工作，就一定会得到领导的赏识，从而为自己赢得良好的口碑。

　　晋升需要机遇，而机遇包含运气的成分。只要我们努力把自己能掌控的工作做好，在机会到来之前有所准备，就算未必每次都能如愿晋升，但在芯片行业中，总有可以让有能力的人展现风采的舞台！

8.4.4 深度工作

在与资深芯片设计工程师交流的过程中，我发现他们几乎一致认为在这个行业中深度工作是必要的。深度工作有助于进入深层次的思考状态，保持工作的连续性。在芯片设计过程中，要高质量地实现复杂的控制模块、运算逻辑等，都要求我们必须投入完整的时间，保持专注。在芯片领域，深度工作的价值是毋庸置疑的。

卡尔·纽波特在著作《深度工作》中从神经学、心理学和哲学的角度论证了深度工作的益处，并就深度工作给出了定义：在无干扰的状态下专注进行职业活动，使单位时间内的工作产出最大化，让个人的认知能力达到极限。这种努力能够创造新价值，提升技能，而且难以复制。

事实上，作家、艺术创作者和科研工作者等大多是在专注状态下完成工作的，并且遵循以下生产力公式：

高质量的工作产出 ＝ 专注度 × 时间

在 8.1.1 节芯片设计工程师的日常中，可以看出我会把一天的时间分为 4 个时间段，分别是 9:30—11:30、13:30—15:00、15:30—18:00、20:00—23:00，这些都是我用来深度工作的时间。深度工作看起来非常美好，但要很好地实践它并非易事。

深度工作的最大阻碍就是人为主动地时间碎片化，而罪魁祸首就是手机等电子产品。在移动互联网如此发达的今天，魅力十足的社交软件实在令人难以拒绝。在玩手机的过程中，时间流逝得特别快，刷十分钟手机后，想要再次进入深度工作的状态，所花费的时间和精力成本不菲。此外，长时间观看手机中碎片化的、刺激的、有趣的内容片段，会导致我们的专注时间大大

了不起的芯片

缩短。研究表明，人们平均花在每个短视频或帖子上的平均时间只有 10 秒。长此以往，我们很难再专注地完成一项工作、阅读一本书。

很多资深工程师显得比较老派，他们上班不用智能手机，或者不会在手机中安装社交软件。但对年轻的工程师来说，这一点几乎无法接受。现在的社交软件在抢占人们的注意力和时间上手段非常高明，让人欲罢不能，堪称"电子海洛因"。针对这个问题，我的建议是在工作时不要把手机放在视线范围内，并且尽可能精简手机中的软件，只留下几款高质量且必要的软件，只在非深度工作时间段使用手机。

深度工作的另一大阻碍就是被动的时间碎片化。典型的例子是我们在工作中会接到无关痛痒的电话、收到同事在内部即时通信软件上发来的消息，或者是其他人与你讨论问题及攀谈。对此，我的解决办法是把手机调至静音状态，在其他人前来讨论问题时，可以礼貌地问一下问题是否紧急，如果不紧急，那么可以在深度工作时间结束后再讨论。我个人的实践证明，这样有助于同事了解你的工作习惯，并不会因此影响同事之间的关系。

要想将深度工作的效果最大化，就需要养成严格内化的习惯。很多人刚开始实践深度工作时会遇到很大的阻力，比如 1 小时不看手机就会心慌。但经过长时间的训练，进入深度工作状态的阻力会越来越小，并且可以保持更长时间的深度工作。保持深度工作得益于良好的工作环境，比如为了避免受到打扰，我会选择在公司的会议室、图书馆、书房等场所工作，确保桌椅整洁舒适，在将办公用品和参考资料准备妥当后，开始一场深度工作之旅。

理想的深度工作状态是进入心流状态。"心流"是一个心理学概念，心理学家米哈里·契克森米哈在其著作《心流：最优体验心理学》中说，这是一种完全沉浸在某个工作中的状态，在这种状态里，人感到充满活力，精神高度集中，忘记了自己和周围的一切，并且从这个工作中享受到愉悦。从心流状态中出来的时候，颇有一种"到乡翻似烂柯人"的感觉。过去，心流被认为是艺术创作者的专属名词，但在我看来，芯片设计工程师也应成为心流状态的实践者，心流有助于工程师完成高难度的设计，创造更多的价值。

从 20 世纪 90 年代开始，比尔·盖茨保持每年两次"思考周"的习惯。在"思考周"期间，他会暂时放下工作和家庭责任，排除一切干扰，带上书籍和白纸，隐居到湖边的小屋里，闭关阅读及思考。他称这一周为"CPU 时间"，大脑就像 CPU 一样不停地运转，思考微软的重大决策和战略方向。1995年，比尔·盖茨发表了一篇题为 *The Internet Tidal Wave* 的论文，这篇论文直接促成了 IE 浏览器的诞生。据《华尔街日报》报道，Microsoft 计划推出平板电脑、开发更安全的软件，并开展在线视频游戏业务，这些都是"思考周"的结果。

支撑深度工作的一个良好习惯就是保证充足的睡眠。对普通人来说，尽量不要让自己的睡眠少于 6 个小时。充足的睡眠可以保持专注力和身体健康，睡眠不足会影响心情、精神状态和自信心，是深度工作的最大敌人之一。

诚然，长时间处在深度工作的状态中会令人感到疲倦，对于芯片设计工程师来说，日常简单的工作可以在放松的状态下完成。

芯片设计工程师越早地了解及实践深度工作，对职业生涯的发展越有益处。深度工作可以帮助我们把更多的精力分配在重要的事情上，远离工作中的形式主义和虚无主义，避免"假性"繁忙，进而获得满足感，实现职业价值。

我在学习了深度工作的理论之后，便成了深度工作的忠实践行者——把有限的时间和精力用在更有意义的事情上。我在本书的写作过程中也应用了深度工作理论，我可以负责任地说，专心创作是一个美妙又神奇的过程。

8.4.5　终身学习

近年来，各行各业中"中年危机"的现象逐渐显现，终身学习的理念被越来越多的人接受。尤其在芯片行业，其涉及的知识深度和广度都让人叹为观止。工程师每一次晋升的背后，隐性条件都是自身技能和能力要上一个台阶。技术工程师要经常学习前沿技术，管理者要不断提升自己的管理技能，我身边很多年近半百的工程师依然在不断地学习。

道理很多人都懂，然而实践终身学习确实不是一件容易的事。我曾在一次公众演讲中问听众："你们喜欢学习吗？你们有每天学习的习惯吗？"得到的肯定回答寥寥无几。很多人对学习产生抵触情绪的重要原因在于，学习不能像玩游戏、运动、娱乐一样带给我们即时的反馈与快感，总而言之：学习不爽。

在实践中，我发现了一个很高效的学习方法——费曼学习法，也叫费曼技巧（Feynman Technique）。

如图 8-34 所示，理查德·菲利普斯·费曼（Richard Phillips Feynman）于1918 年出生在纽约。1935 年，他进入麻省理工学院学习数学和物理，随后进入普林斯顿大学，1942 年 6 月获得普林斯顿大学理论物理学博士学位。毕业后，他进入洛斯阿拉莫斯国家实验室，参与了"曼哈顿"计划，研究核弹。1965 年，他因在量子电动力学方面的贡献获得了诺贝尔物理学奖。费曼的人生充满了传奇色彩，但有意思的是，被人们熟知的费曼学习法却不是费曼发明的。实际上，费曼学习法是由斯科特·扬于 2011 年提出的，随即在全世界流行开来。至此，全世界都知道了费曼学习法，除了费曼本人。

图 8-34　理查德·菲利普斯·费曼

在介绍费曼学习法之前，首先引入一个概念——知识留存率。哈佛大学在一项研究中给出了使用不同的学习方法后大脑中的知识留存率，如图 8-35 所示。从中可以看出，主动学习的效果要比被动学习好；在主动学习中，教授他人学习方法的知识留存率最高，达到了 90%。这也是我推荐费曼学习法的原因。

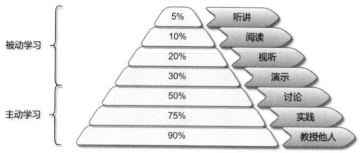

图 8-35　不同学习方法的知识留存率

费曼学习法有五个步骤，分别是确立目标、学习及理解、教授他人、回顾复习、简化吸收，如图 8-36 所示。

图 8-36　费曼学习法的步骤

1. 确立目标

俗话说，万事开头难。在费曼学习法中，确立目标是成功的关键一步。合适的学习目标可以让我们在正确的方向上努力，这样学习才有意义。

关于如何设立合适的目标，著名的"SMART 原则"可以给我们提供参考。SMART 原则包括五个方面，分别是目标必须清晰且具体、可衡量、可达成、与个人或公司的愿景相关、有截止时间，如图 8-37 所示。

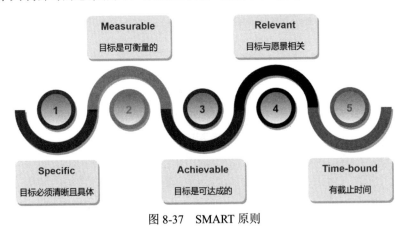

图 8-37　SMART 原则

一个清晰且具体的目标是基础，如果目标模糊、宽泛，甚至无法描述，那么就无法执行。可衡量是指目标必须是可以量化的，并且可以通过逐步学习来击破。可达成是指目标必须在个人能力的范围内，不要设定不切实际的目标。每个学习目标必须与个人的长期发展或公司的愿景相关，比如我的职业生涯价值是成为业界的技术大佬，但我给自己设定了一个学习一门小语种的目标，那么两者的相关性几乎为零。最后，目标必须有时间界限，所谓

"Deadline 是第一生产力",没有截止时间的目标大多会半途而废。当然,目标并不是一成不变的,在执行的过程中可以根据实际情况及时调整。

2. 学习及理解

在学习之前,我们要仔细挑选学习资料,资料必须权威且可靠。比如,我想学习计算机体系结构方面的知识,那么可以选择业内经典的《数字设计和计算机体系结构》一书作为学习资料。

学习新知识的过程要系统化,我们可以通过画思维导图的方式整理知识架构,比如 8.2 节中提到的芯片设计工程师技能树就是我画的思维导图。学习过程中要注意做笔记,既方便以后参考,也可以为给他人讲授知识做好铺垫。

3. 教授他人

当我们把学到的知识整理成笔记或者给他人讲解时,同样可以加深自己对知识的理解。别人的积极反馈可以帮助我们建立自信,别人提出的意见有助于我们进步。有一个小故事,在一列火车上,一位农民父亲带着他的两个孩子,两个孩子都考上了名牌大学。车上的其他乘客都纷纷向这位父亲请教教育孩子的技巧,这位父亲说:"我没有什么技巧,我为了供孩子读书,花了很多钱,所以每天他们放学后,我都会问孩子们在学校学习了什么知识。如果孩子不知道,我就会让他们去请教老师,直到他们能给我讲清楚为止。"不得不感叹这位父亲非常聪明,他在教育孩子学习的过程中其实就使用了费曼学习法,只是他自己不知道而已。

4. 回顾复习

回顾可以提高知识在大脑中的留存率,加深我们对知识的理解。反思可以帮助我们调整学习方向，发现所学知识中可能存在的错误等。在学习过程中，要时刻保持怀疑的态度和好奇心。

5. 简化吸收

学习的最终目的是掌握及应用某一个领域的知识，最终形成知识体系，所以简化和吸收非常重要。我们可以从三个方面深挖知识：我们需要什么？什么是最重要的？什么是知识的核心？所有的知识必须服务于我们的工作和生活，学以致用，这样能让我们感受到学习的正反馈，享受学习的过程。

费曼学习法的优点之一是便于实践。我在工作中经常会和同事分享自己学习到的新技术，在家读书时也会和家人交流读书心得，或者将总结所学的知识放在知乎、公众号、微博、腾讯新闻等公众平台上，和网友互相交流观点，最终彼此都获得了认知提升。在带组内的同事时，我也会要求他们及时分享学到的东西，如果能把知识给其他同事讲清楚，并能解答同事的疑问，那就说明这位同事把知识和问题都理解透彻了。

在我看来，费曼学习法就像为芯片设计工程师量身定制的，既让自己学到了知识，又教会了他人，并在无形中提高了自己在公司和业界的影响力。在职业生涯初期，这种影响力也许不会发挥作用，但在未来，当我们面对晋升机会或者创业等重大的职业转折时，这种影响力便会开始发挥它的威力，正所谓"行而不辍，功不唐捐"！

8.4.6　架构师之路

尽管我认为工作没有高低贵贱之分，但在芯片设计领域，不同的职位之间仍然存在着若有若无的"鄙视链"。整体的"鄙视"顺序是前端"鄙视"后端，即：架构设计"鄙视"前端设计，前端设计"鄙视"验证，验证"鄙视"DFT，DFT"鄙视"后端设计，模拟设计"鄙视"模拟版图。架构设计处于"鄙视链"的顶端，所以成为架构师是多数芯片设计工程师的发展方向。

提到架构设计，就不得不介绍一位业界大牛——吉姆·凯勒（Jim Keller），他毕业于宾夕法尼亚州立大学，获得电子工程学士学位。在"硕士遍地走，博士满天飞"的芯片行业，学士学位显然太平庸了。但凯勒却凭着自己过硬的技术实力，在能人辈出的硅谷，成为名副其实的大神级别的芯片架构设计师和很多工程师的偶像，业界称赞他为"硅仙人"。

凯勒的职业生涯颇具传奇色彩，几乎所有主流芯片架构的研发过程都能看见他的身影，图 8-38 展示了他的职业生涯履历及参与研发的主要芯片架构。

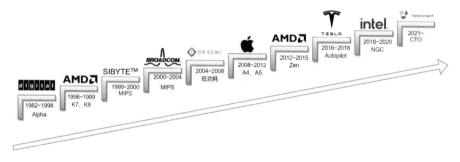

图 8-38 凯勒职业生涯路线图

1980 年，凯勒大学毕业，随后在 1982 年加入了美国数字设备（Digital Equipment Corporation，DEC）公司，一直在 DEC 工作到 1998 年。在 DEC 期间，凯勒参与了 Alpha 架构芯片的设计，包括 Alpha 21164、Alpha 21264，如图 8-39 所示。Alpha 是当时世界上速度最快的处理器。这段工作经历让凯勒对芯片的指令集架构有了深入的理解，同时借助 Alpha 让他在业内小有名气。Alpha 架构对后续的很多主流 CPU 架构研发都有重要的影响，其中就包括 AMD 的 x86-64 指令集架构和神威·太湖之光超级计算机使用的神威指令系统。

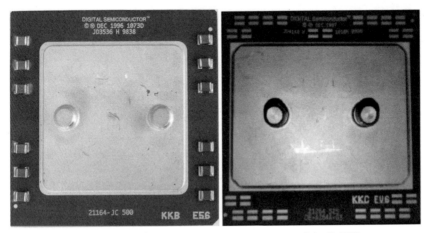

图 8-39　Alpha 21164（左）和 Alpha 21264（右）处理器

　　1998 年，凯勒加入了 AMD，在 AMD 的一年多时间里，他协助研发了 K7 架构，也就是速龙处理器。当时，速龙处理器的市场反响不错，随后凯勒又主导了 K8 架构的设计，帮助 AMD 在性能上领先英特尔，他在此期间参与设计的 x86-64 指令集更是影响深远。

　　1999 年，凯勒离开 AMD，加入 SiByte 公司，主要负责研发基于 MIPS 架构的网络芯片。2000 年，SiByte 被博通收购，凯勒担任首席芯片架构师，继续负责研发基于 MIPS 架构的网络芯片。2002 年，凯勒加入 PA Semi 公司，主攻低功耗设计方向。2008 年，PA Semi 被苹果公司收购，凯勒随即在苹果参与了 A4 和 A5 移动处理器的研发。从 A4 到 A5 实现了从单核到双核的突破，A4 也是苹果 A 系处理器的起点。

　　2012 年 8 月 1 日，AMD 宣布任命凯勒为公司执行副总裁、处理器内核首席架构师。重回 AMD 后，凯勒开始参与 Zen 架构处理器的研发。2017 年，Zen 架构横空出世，而基于 Zen 架构的锐龙处理器帮助 AMD 在与英特尔的竞争中取得了优势。随后，Zen2、Zen3、Zen4 等系列处理器的市场反响很好，使得 AMD 扭转颓势，重夺高端处理器市场。但这一切对凯勒来说都是身后名，因为他在 2015 年就离开 AMD 并加入了特斯拉，负责研发和设计自动驾驶相关的硬件产品。2018 年，凯勒加入英特尔担任高级副总裁，参与代号为 NGC 的架构研发，并管理近万人的团队。2020 年，凯勒因个人原因离职，而后于 2021 年加入 Tenstorrent 公司担任 CTO，参与 RISC-V 指令集架构芯片的研发并负责 AI 方向的业务。

回首凯勒的职业生涯可以发现，他几乎把所有的主流指令集架构芯片都做了一遍，包括 Alpha、x86、MIPS、ARM 和 RISC-V，并且大约每经过 2 到 4 年，即可发生一次处理器领域的重大变革。凯勒因为多家公司挽回颓势、重整旗鼓，被网友冠以"处理器游侠"和"扶贫大神"等称号。纵观凯勒梦幻般的职业经历，可以说"他真正的对手，就是他自己"！

成为一名芯片架构师是很多从业者职业生涯的长期目标。从职位来看，从事前端设计和设计验证工作更容易升为架构师。前端设计需要通过设计 RTL 实现架构规划的功能，设计验证也要熟悉整个系统的功能及协议，这些都为架构师工作打下了基础。DFT 工程师不需要过多地关注芯片本身的功能，因此较难升为架构师。后端设计的工作内容与前端设计及架构相差甚远，所以也很难升为架构师。要成为芯片架构工程师，除了掌握设计和验证技能，还需具备以下技能。

（1）具有计算机、微处理器体系结构理论基础。

（2）熟悉 x86、ARM、RISC-V 等处理器的 SoC 结构，以及 SoC 软硬件

的划分。

（3）熟悉 AMBA 等总线协议。

（4）熟悉芯片开发前后端流程，熟悉性能、功耗、面积及成本评估。

（5）能够分析芯片系统的功能、可行性、性能等，熟悉 C/C++编程，有扎实的数据结构与算法功底，并能够对芯片进行建模。

（6）能够负责芯片详细设计方案，包括地址空间划分、逻辑划分、芯片内部接口位宽及时序的确定。

（7）能够协助芯片设计和验证等工作，配合其他部门一起完成芯片方案的开发、量产测试等相关工作。

（8）了解常见 IP（如 PCIe、USB、DDR、ISP）的关键特性，并能够熟练应用。

从以上技能来看，芯片架构设计工作对工程师提出了更高的要求，每项都是要花费大量时间和精力去学习和实践的。从事架构设计工作的一般是拥有 15 年以上工作经验的资深工程师或专攻架构设计方向的博士。可见，对于行业新人来说，如果想成为一名芯片架构设计工程师，那么需要走上一段漫长且艰难的路。

8.5　热爱芯片行业是一种怎样的体验

时至今日，我开始发觉自己对芯片这个行业的热爱有多么深切。回首自己的职业生涯历程，会发现热爱这件事不是一蹴而就的。

毕业那年，面对几家公司的录用通知，我颇为迷茫。最终，经过谨慎的思考和权衡，我在北京的互联网公司、深圳的硬件公司、上海的半导体公司中选择了后者。入职伊始，便是三个月的脱产培训，那段时光非常难熬。一起入职的同事之间难免会互相比较，因此我的压力很大，经常会学习到深夜，甚至通宵。总之，那时的我对这行根本谈不上热爱。

随着学习的深入，我开始接触到芯片的众多细分方向，包括设计、验证、可测性设计、测试等，渐渐发现这个行业的博大精深之处。我对这个行业的认识也经历了从"不知道自己不知道"到"知道自己不知道"的阶段。此后，我的工作状态便渐入佳境，就好像打开了新世界的大门，那种感觉用《桃花源记》中的文字来描述再合适不过了：

"林尽水源，便得一山，山有小口，仿佛若有光。便舍船，从口入。初极狭，才通人。复行数十步，豁然开朗……"

相比热爱，我心中更多的是感激。一是感激芯片行业的高上限，让我对职业生涯少了一些担心，同时多了一份向上攀登的动力；二是近年来芯片行业的高关注度，芯片设计工程师的薪资也水涨船高，也许高薪资改变不了什么，但确实是一份温暖的慰藉；三是我能把自己的职业目标和价值同国家的战略和大方向结合起来，心中的自豪无法言表。

我的理想职业是作家，但我发现作家和工程师二者并不冲突。现在的媒介非常发达，我可以利用业余时间创作科普文章，通过文字帮助更多的人。这也是我最感激的一点——能把工作和业余爱好结合起来。

其实芯片行业是很有趣的，在寸土寸金（甚至可以说"毫土毫金"，芯片的面积通常以平方毫米来计算）、电量有限的电子产品里，为了提高性能而不断地修改架构，苦思冥想如何实现一个新功能、实现更高效的计算、减少数据的搬运、减少一个时钟周期的功耗翻转……问题解决后的成就感和正反馈使我更加热爱这个行业并继续为之努力。把功耗降低 0.1%、测试覆盖率提高

0.1%，这看似的一小步实则对芯片、公司和工程师来说意义重大。芯片工程师一定要继承传统的工匠精神，并为其赋予新的含义，面对存储墙、功耗墙、频率墙，哪怕头破血流也要撞破，否则决不回头。

不可否认，日常工作十之"八九"依然是枯燥乏味的，但我会常思那"一二"。职业生涯很长，站在 30 岁的人生路口，向前眺望，岁月漫长，唯有热爱可抵。

8.6 本章小结

本章我们走进了芯片工程师的世界，了解他们的日常工作，并且详细介绍了每个职位的知识技能结构，为有志于加入芯片行业的人士提供参考。但要成为一名合格的芯片设计工程师，仅仅学习理论知识是不够的，更重要的是要在项目中亲自实践，积累经验。

芯片设计工程师是承担半导体发展的核心人员，在职业发展中不仅要低头做事，更要抬头看路，发扬工匠精神，争做新时代职场人的楷模。现在从事芯片行业正当时，芯片行业的科技含量高、职业发展上限也非常高，工程师需要尽早规划职业生涯发展路线，持续学习，努力实现人生的价值！

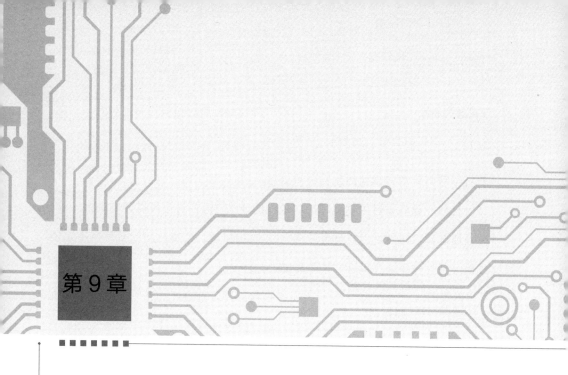

第 9 章

未来的芯片

回望历史，芯片的进步速度之快令人惊叹；展望未来，芯片发展亦充满了无限可能。在通往未来的路上，芯片的传奇将继续书写，成为人类历史上浓墨重彩的一笔。

9.1　生物芯片

生物芯片（Biochips）是 20 世纪 90 年代中期发展起来的一项尖端技术。它以玻片、硅片、尼龙膜等材料为载体，在单位面积上高密度地排列大量的基因序列、多糖、蛋白质生物分子（也叫分子探针）。通过在微小尺寸的芯片上集成海量的数据信息，只需一次试验即可同时检测多种疾病或分析多种生物样品。与常规芯片相比，生物芯片内部高度集成的不是晶体管，而是成千上万个网格状密集排列的生物分子。

目前业界尚未对生物芯片形成统一的分类，但广义上可以分为基因芯片、蛋白质芯片、细胞芯片、组织芯片和其他芯片等。其中，基因芯片技术是发展最成熟，也是最先商业化的生物芯片之一。

生物芯片已经开始广泛应用在生物及医疗等行业，如基因表达检测、突变检测、个体化诊疗、药物筛选及开发、司法鉴定等。中国工程院院士、博奥生物集团总裁程京博士及其团队在 1998 年研究出世界上第一个厘米见方的超小型生物实验室，该成果作为封面故事发表在《自然·生物技术》（*Nature Biotechnology*）杂志中，并被当年美国《科学》杂志评选的"世界科技十大突破"引用。未来，生物芯片技术将向着微型化、自动化、集成化的方向发展，在生物和医疗等领域拥有很大的潜力。

9.2 碳基芯片

顾名思义，碳基芯片是基于碳材料制作的芯片，常见的用于制作碳基片的材料包括碳纳米管和石墨烯。碳基芯片是业界在半导体材料上寻求突破且非常有想象力的一次尝试，多年来，北京大学碳基电子学研究中心、纳米器件物理与化学教育部重点实验室的张志勇教授和彭练矛教授的联合课题组一直在从事高性能碳纳米管材料的研究，并制备出高密度、高纯半导体阵列的碳纳米管材料，相关研究成果总结在《用于高性能电子学的高密度半导体碳纳米管平行阵列》论文中，并发表在 2020 年 5 月的《科学》杂志上。

碳纳米管材料在结构和性能上大幅优于硅基半导体材料。碳纳米管的电子迁移率远高于硅、锗及其他化合物半导体材料，在相同的尺寸下，其载流子移动速度更快，器件性能更好。从结构上看，碳纳米管具有非常小的主体尺寸，可以有效克服因关键工艺尺寸缩小带来的短沟道效应。除此之外，碳纳米管成本低、散热性好，是比硅更加理想的新一代半导体材料。

石墨烯是一种新兴材料，具有良好的电学特性，自身结构超轻、超薄。在相同工艺条件下，基于石墨烯制造的芯片比传统硅基芯片性能更强、功耗更低。

目前，国际上在碳基芯片领域的竞争非常激烈，北京大学碳基电子学研究中心、斯坦福大学、麻省理工学院、IBM、华为团队位于赛道前列。尽管世界顶级的科研团队在碳基芯片领域开展了多年的研究，但也仅迈出了一小步，距离碳基芯片大规模商用化还有很长的一段路要走。短期内，我们可以用碳基技术实现集成度低、对工艺要求低的传感器芯片，随着材料技术和工艺技术的成熟，有望在 2030 年之后将碳基技术用于大规模的数字逻辑芯片生产中。

科研之路异常艰辛，但我们需要拥有面对未知的勇气，如果在碳基芯片领域取得突破，或许能帮助国产芯片破除困境，开辟一条崭新的道路。

9.3 量子芯片

量子芯片是最具有想象力的芯片探索方向之一，过去十年，很多研究机构一直在这方面持续投入，未来十年乃至二十年将继续上演"量子霸权"的

了不起的芯片

争夺战。

与传统计算机采用二值逻辑运算的原理不同，量子计算机利用量子的相干叠加原理，可以制备在两个逻辑态 0 和 1 上的相干叠加态。换句话讲，1 量子比特（qubit）可以同时存储 0 和 1，随着量子比特数的增多，对应的逻辑状态也呈指数级增长，计算能力也将得到巨大飞跃。这种飞跃是革命性的，就好比计算机的出现彻底取代了手工计算。量子计算被认为是"后摩尔时代"推动科技发展的颠覆性技术，它也为芯片设计打开了新的大门。关于量子计算，科学界设计了多种实现路径，其中处于领先地位的有光量子计算、超导量子计算、超冷原子量子计算。

截至 2022 年，已有多家公司及科研机构发布了量子计算机。2022 年 8 月 25 日，在北京举办的"量见未来"量子开发者大会上，百度发布了超导量子计算机"乾始"。这是一款集量子硬件、量子软件、量子应用于一体的产业级超导量子计算机，"乾始"量子硬件平台现已搭载 10 量子比特高保真度超导量子芯片。2022 年 7 月 22 日，浙江大学发布了"天目一号"超导量子芯片的应用成果。2021 年 5 月，中国科学技术大学潘建伟院士团队成功研制出 62 比特可编程超导量子计算原型机"祖冲之号"，并实现了可编程的二维量子行走。2020 年 12 月，由中国科学技术大学潘建伟、陆朝阳等组成的研究团队，与中科院上海微系统所、国家并行计算机工程技术研究中心合作，成功构建了 76 个光子的量子计算原型机"九章"，实现了具有实用前景的"高斯玻色取样"任务的快速求解。2019 年 9 月，谷歌推出了 53 量子比特的超导量子计算原型机"悬铃木"（Sycamore）。IBM 也一直冲在量子计算机赛道的前列，主攻超导量子计算机。2019 年，IBM 推出 27 量子比特的"猎鹰"（Falcon）处理器，2020 年推出 65 量子比特"蜂鸟"（Hummingbird）处理器。IBM 在 2021 年的量子峰会（Quantum Summit 2021）上发布了新的 127 量子比特"鹰"（Eagle）处理器，127 量子比特也创下了当前量子比特位数目的全球最高纪录。

基于量子计算机的现状，提高计算精度和扩展量子比特是业界比较关心的问题。当前，不同公司和科研机构的研究重点有所不同，有的力求提高计算精度，使计算结果更稳定；有的以提高量子比特数为第一要务，力求尽快实现算力的快速增长。尽管量子计算是一个值得探索的方向，但其最终能否商用、何时商用，也许还需要很久的时间才能得出答案。

9.4　后硅时代的材料舞台

2021 年 8 月，美国商务部发布规定，将以氧化镓（Ga_2O_3）和金刚石为代表的第四代超宽禁带半导体材料对中国实施新的出口管制！这意味着美国发起的科技制裁从制造领域扩大到了材料领域。半导体材料是整个产业链中不可或缺的一环，所谓"巧妇难为无米之炊"，没有材料，就无法制造芯片。

从集成电路发明至今，半导体材料经历了三次明显的更新和发展，第四代半导体材料也已经开始崭露头角。第一代半导体材料主要是指硅、锗元素等单质半导体材料。第二代半导体材料主要是指化合物半导体材料，如砷化镓（GaAs）、磷化镓（GaP）、锑化铟（InSb）等，它们是 4G 时代大部分通信设备的材料，应用领域包括移动通信、卫星通信及导航等。第三代半导体材

了不起的芯片

料是以碳化硅（SiC）和氮化镓（GaN）为代表的复合半导体材料，相比于第一、二代半导体材料，其优势是具有更高的禁带宽度、高击穿电压、良好的电导率和热导率，在新能源汽车、手机快充、5G 基站等功率半导体领域有非常好的应用前景。事实上，第三代半导体与第一、二代半导体材料并不是完全的迭代和替换的关系，只是应用领域有所不同。

第三代半导体材料的应用领域对工艺制程的要求并不高，多数在 90 纳米及以上。我国的第三代半导体发展迅速，虽然与国外存在一定的差距，但并非不可追赶。华为创始人任正非在一次采访中曾提到，修桥、修路、修房子只要投钱就行，但芯片不行，不仅要投钱，还要重视在数学、物理学、化学方面的投入。的确，做芯片不能只做空中楼阁，要从基础领域一步一步做起，而材料正是基础中的重中之重。

第四代半导体是以氧化镓、金刚石为代表的新型半导体材料。以氧化镓为例，它一种无机化合物，具有 α、β、γ、δ 和 ε 共 5 种结晶形态。其中，β 结晶的氧化镓最为稳定，获得了业界广泛的关注与研究。与碳化硅、氮化镓相比，氧化镓的禁带宽度达到了 4.9eV，高于碳化硅的 3.2eV 和氮化镓的 3.4eV，具有很强的抗辐射、抗高温的能力，可以在高低温、高电压、强辐射等极端环境下保持稳定的性质，这也让氧化镓拥有极为广泛的应用领域。

在半导体材料发展的历史舞台上，硅好比"一位横跨世纪的舞者"，它创造了经典，永不过时；其他材料则是"你方唱罢我登场"，以自己独特的绝活赢得了观众的阵阵喝彩。未来，半导体材料将是各个国家和机构夺取半导体制高点的阵地之一，新材料也将让芯片更加了不起！

9.5　本章小结

随着摩尔定律的放缓，硅基芯片的发展也遇到了困难，但止步不前并不符合学术界和产业界的创新理念，所以碳基芯片和新型半导体材料开始进入人们的视线。可以预见的是，它们将在特定领域赋能新型产业。这背后是科研人员数十年如一日的研究和无数次挫折与失败。

量子计算、人工智能等新理念让传统芯片焕发新的生机与活力。芯片的进步应该是多维的，唯有这样才能承载全球的信息产业走向"芯"未来。

参 考 文 献

[1] BloombergNEF. Energy Transition Investment Trends 2022[R]，2022.

[2] 国家统计局. 中华人民共和国 2022 年国民经济和社会发展统计公报[R/OL]. （2023-02-28）[2023-3-01]. http://www.gov.cn/xinwen/2023-02/28/content_5743623.htm.

[3] 中华人民共和国国务院. 国家中长期科学和技术发展规划纲要（2006—2020 年）[R/OL]. （2006-02-09）[2023-2-23]. http://www.gov.cn/gongbao/content/2006/content_240244.htm.

[4] 新华社. 中华人民共和国国民经济和社会发展第十四个五年规划和 2035 年远景目标纲要[R/OL]. （2021-03-13）[2023-2-23]. http://www.gov.cn/xinwen/2021-03/13/content_5592681.htm.